韩式新娘化妆与造型实例教程

安洋 编著

人民邮电出版社
北京

图书在版编目（C I P）数据

韩式新娘化妆与造型实例教程 / 安洋编著. -- 北京:
人民邮电出版社, 2014.6 (2015.4重印)
ISBN 978-7-115-35348-1

Ⅰ. ①韩… Ⅱ. ①安… Ⅲ. ①女性－化妆－造型设计
－教材 Ⅳ. ①TS974.1

中国版本图书馆CIP数据核字(2014)第097600号

内 容 提 要

本书是一本关于韩式新娘化妆与造型的实例教程，包含 7 个韩式妆容实例和 82 个韩式造型实例，其中造型实例按风格分为韩式编发造型、韩式盘包造型、韩式编卷造型和韩式层次卷造型，另外还有 16 种基本造型手法的解析。本书图例清晰、讲解细致，不仅向读者展示了打造韩式新娘妆容与造型的方法和技巧，更为读者提供了创作的灵感源泉。

本书适合影楼化妆师、新娘跟妆师使用，也可作为相关培训机构的参考资料，同时可供化妆造型爱好者阅读。

◆ 编　　著　安　洋
责任编辑　赵　迟
责任印制　程彦红

◆ 人民邮电出版社出版发行　　北京市丰台区成寿寺路 11 号
邮编　100164　　电子邮件　315@ptpress.com.cn
网址　http://www.ptpress.com.cn
北京盛通印刷股份有限公司印刷

◆ 开本：889×1194　1/16
印张：14
字数：510 千字　　2014 年 6 月第 1 版
印数：3 501 – 5 000 册　　2015 年 4 月北京第 2 次印刷

定价：98.00 元

读者服务热线：(010)81055410　印装质量热线：(010)81055316
反盗版热线：(010)81055315
广告经营许可证：京崇工商广字第 0021 号

前言

结婚是人生中一件至关重要的大事，很多新娘对拍摄婚纱照及婚礼当天的妆容造型都要求很高。每个人的爱好及适合的妆容造型各不相同，选择到适合自己同时自己又比较喜欢的妆容造型是新娘们所面对的问题，也是化妆造型师要完成的工作。

韩剧的盛行让近些年来韩式新娘妆容造型受到众多新娘的追捧，每个人都梦想自己就是韩剧中待嫁的女主角。韩式新娘造型的主体在后发区，前发区露出光洁的额头或配以简约的刘海造型，搭配精致的皇冠或唯美的鲜花。很多人喜欢韩式妆容造型，认为它大方得体；但也有人认为韩式造型向后盘起的感觉会显得老气。其实韩式造型的变化可以多种多样，各种编辫子、打卷手法的巧妙运用及饰品的合理搭配，可以让韩式造型显得大气而唯美。韩式妆容造型适合质感轻盈的纱质或丝质面料的婚纱，因为这种质感的婚纱会给人以柔和温情的感觉，很适合体现韩式造型的风格特点。

本书介绍了 7 种韩式新娘妆容，并做了具体的解析。造型实例部分则分为编发式、盘包式、编卷式、层次卷式 4 个类型，并对其做了详尽的步骤解析。书中还对各种基本造型手法做了具体讲解，希望通过对本书的学习，读者的韩式新娘妆容造型能力能得到提高。

感谢以下朋友对本书编写工作的大力支持。正因为有了大家的帮助，我才能走得更长、更远。鸣谢名单如有遗漏，敬请谅解。他们分别是（排名不分先后）慕羽、春迟、佳佳、沁茹、李茹、小洁、朱霏霏、李哩。

安洋

韩式新娘妆容实例 014

韩式新娘造型基础 032

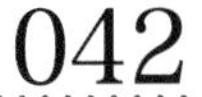

045

047

049

051

053

055

057

059

061

063

065

067

069

071

073

075

077

079

081

083

085

087

089

091

093

095

097

098

101

韩式新娘盘包造型 102

105

107

109

111

113

115

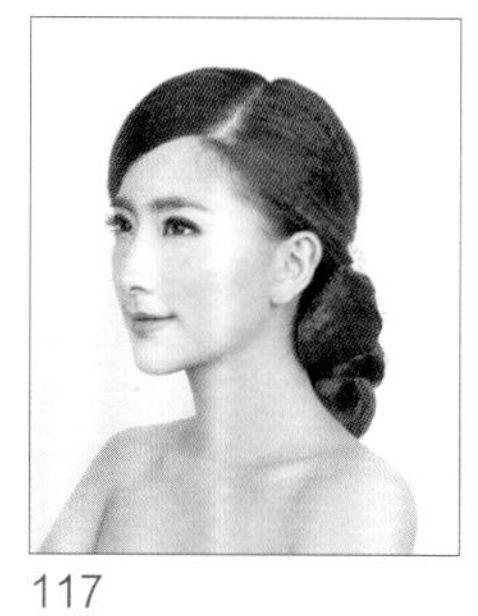
117

119

121

123

125

127

129

131

133

135

137

139

141

143

189

191

193

195

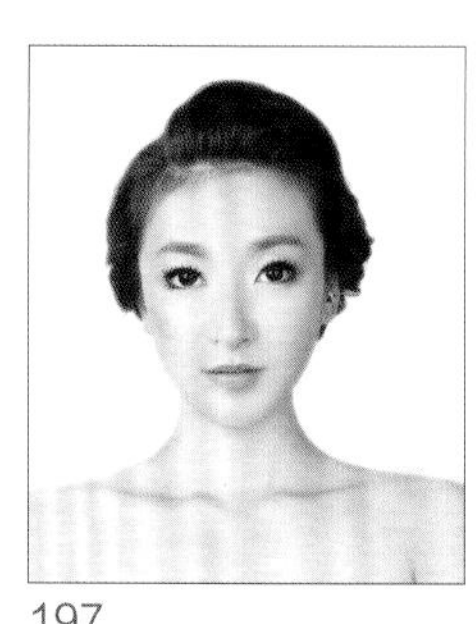
197

199

201

203

205

207

209

211

213

Make up of Bride

韩式新娘妆容实例

韩式新娘妆容概述

韩式新娘妆容是近些年比较流行的妆容形式。除了受一些影视作品的影响外，韩式新娘妆容的自然唯美感觉也是众多新娘喜欢它的一个原因。而因为每个人的自身情况不同，韩式新娘妆容在具体的表现上也会有所变化。在面对顾客时，化妆师应针对每个人的特点选择不同的处理方式。

韩式新娘妆容注意事项

1. 每个人的五官各不相同，在处理韩式新娘妆容的时候，不要拘泥于一种表现形式，而是要根据每个人的自身情况加以适当的细节变化。
2. 韩式新娘妆容讲究的是自然唯美的感觉，在处理妆容的时候要抓住这个核心思想，并在此基础之上加以创新，设计出更适合新娘本身的妆容。
3. 在设计妆容的时候，要根据新娘的年龄、气质、喜好等因素来调整思路，做好沟通工作。
4. 不要拘泥于一种色彩。韩式新娘妆容一般会采用大地色的眼妆，但这并不是唯一的色彩表现形式。根据配饰、场景等需求，韩式新娘妆容也可以有多种色彩变化。只是不管采用何种表现形式，其最终表现的妆容感觉都应是唯美、自然的，而不是浓妆艳抹。

能否与韩式造型形成很好的搭配效果是评价韩式新娘妆容成功与否的一个重要因素。下面的妆容实例部分包括 7 种韩式新娘妆容的表现形式，每一种表现形式都有所适合的新娘的类型，而且在韩式新娘造型实例部分都有与其对应的造型搭配。大家可以根据具体情况选择合适的妆容表现形式。当然，本书无法囊括所有的韩式新娘妆容类型，读者只要抓住核心思想，也可将韩式新娘妆容衍生出很多变化。

操作步骤

STEP 01 上眼睑选择浅金棕色眼影做平涂式晕染，面积不要过大，处理得自然柔和即可。

STEP 02 下眼睑选择浅金色眼影做自然柔和的过渡。

STEP 03 上眼睑的眼影从前至后再进行一次晕染，使其更加柔和。

STEP 04 下眼睑的眼影可适当向前晕染，但不要填满整个下眼睑。

STEP 05 上眼睑的眼线用铅质眼线笔自然描画，并且将其晕染开。

STEP 06 下眼睑的眼线同样要自然描画并晕染开，上、下眼睑的眼线不要闭合。

STEP 07 用灰色眉笔将眉毛补齐，线条要自然柔和，下笔不宜过重。

STEP 08 用咖啡色眉粉对眉头位置晕染，使其呈现更加柔和的感觉。

STEP 09 下眼睑靠近内眼角的位置用白色眼线笔描画，使眼妆更加干净立体。

STEP 10 自然晕染粉嫩的腮红，使肤色红润而有光泽。

STEP 11 在唇部涂抹粉嫩的亮泽唇彩，提升整体妆容的柔美感。

妆容风格解析

此款妆容通过自然的平涂眼妆淡化了色彩在妆容中的表现。整体妆容呈现自然唯美的感觉。

色彩搭配方案

眼妆以浅金棕色、金色及白色相互结合。为了体现妆容的自然感觉，上眼睑只采用了浅金棕色一种色彩进行晕染，并将黑色眼线过渡开，使其更加柔和。下眼睑的金色眼影的作用是让眼妆更加柔和，加之白色眼线的填补，整个下眼睑的眼妆极其自然。唇妆及腮红的粉嫩色彩又提升了妆容的粉嫩感。

适合新娘类型

因为整体妆容均采用非常自然的处理方式，所以对五官的修饰度是有限的。此款妆容适合五官条件比较好的新娘，如果眼妆需要强调性的调整，那么就不适合此款妆容。

操作步骤

STEP 01　眉骨位置用少量珠光白提亮，增强眼妆的立体感。

STEP 02　上眼睑位置的眼影用深咖啡色晕染，重点修饰的位置是上眼睑的后半段。

STEP 03　用铅质眼线笔描画出自然柔和的眼线，并将其晕染开，使其与眼影形成过渡。

STEP 04　下眼睑眼线淡淡地自然过渡即可，色彩不宜过深。

STEP 05　用少量咖啡色眼影将下眼睑的眼线自然过渡开，使其更加柔和。

STEP 06　下眼睑靠内眼角方向用少量的珠光白色眼影对其自然晕染，使眼妆更干净。

STEP 07　靠近睫毛根部的位置用水溶性眼线笔窄窄地加一条眼线，一定要做到自然。

STEP 08　上眼睑的假睫毛分两层粘贴，第二层要比第一层短，这样可以有效地撑大眼睛。

STEP 09　眉毛的线条采用灰色眉笔描画，使眉形比较自然平缓。

STEP 10　眉头的位置用咖啡色眉粉做自然晕染，使其呈现更加自然的感觉。

STEP 11　用肉棕色腮红以扇形打法进行晕染，使五官更加立体。

STEP 12　用粉嫩亮泽的唇彩将唇部处理得晶莹剔透。

妆容风格解析

此款妆容的眼影采用局部修饰的表现手法，在自然的基础之上体现出妆容的立体感，整体呈现端庄大气的自然风格。

色彩搭配方案

眼妆主要通过深咖啡色眼影强调立体感，珠光白色在下眼睑的运用是为了使眼妆不暗淡，提升色彩品质。腮红选择了肉棕色，使五官呈现自然的立体感。因为以上的色彩运用会让面色暗淡，所以采用粉嫩亮泽的唇彩修饰唇色，来体现健康的气色。

适合新娘类型

因为眼妆的局部修饰、细节刻画及睫毛对眼睛的调整作用，此款妆容适合眼睛无神、偏小，需要做适当调整的新娘，可以起到很大的改善作用。

01

02

03

04

05

06

07

08

操作步骤

STEP 01　上眼睑选择金棕色眼影晕染，过渡要柔和自然。

STEP 02　下眼睑的眼影选择与上眼睑相同的色彩晕染过渡。

STEP 03　在上眼睑第一层眼影的基础上用浅金棕色自然地过渡晕染，使上眼睑的眼影色彩更加柔和。

STEP 04　下眼睑在靠近后眼尾的位置粘贴几簇假睫毛，越靠近后眼尾的越长。

STEP 05　上眼睑的眼线应中间略宽，眼线不要拉得太长，以自然感觉为主。睫毛的粘贴应居中。

STEP 06　眉毛用咖啡色眉粉自然刷涂，使其柔和自然。

STEP 07　腮红呈扇形自然晕染，略带红润感。

STEP 08　唇部先用肉色唇膏扩出饱满的唇形，然后用亮泽的唇彩对其点缀。

妆容风格解析

此款妆容采用自然的色彩做渐层式晕染，并通过睫毛、眼线的细节处理体现年轻的感觉。妆容整体呈现清新唯美的风格。

色彩搭配方案

眼妆采用金棕色和浅金棕色做渐层式处理，使眼妆呈现自然柔和的美感。唇妆采用肉色唇膏打底是为了改善较薄的唇形。整个妆容在色彩上是比较统一的。

适合新娘类型

此款妆容适合五官较为成熟又希望表现出年轻感觉的新娘。自然的眉色、柔和的眼妆及唇妆的处理都能起到一定的减龄效果。

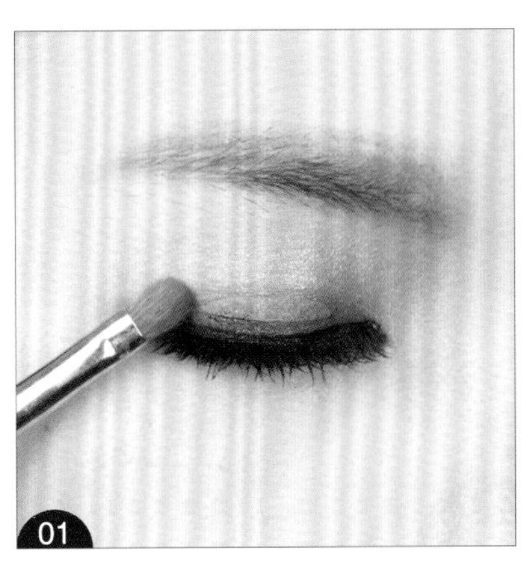

操作步骤

STEP 01 在上眼睑淡淡晕染暗紫色亚光眼影，边缘的过渡要自然。

STEP 02 用微量珠光白色眼影对上眼睑进行晕染，在不破坏眼妆色彩的情况下提升眼妆的通透感。

STEP 03 上眼睑靠近睫毛根部的位置细细地描画一条自然眼线，增加眼妆的立体感。

STEP 04 下眼睑选择玫红色晕染，柔和眼线的色彩，使其更加自然。

STEP 05 下眼睑靠近内眼角的位置用白色眼线笔进行描画，使其呈现更加自然的感觉。

STEP 06 用咖啡色眉粉刷涂眉毛，使眉色更加自然柔和。

STEP 07 用灰色眉笔对眉毛的细节进行描画，填补空缺。

STEP 08 在面颊处斜向自然地晕染腮红，提升气色，使妆容柔和。

STEP 09 在唇部用自然亮泽的唇彩做适当修饰即可。

妆容风格解析

此款妆容通过眼线、眼影及眉毛的细节处理使眼妆成为整个妆容的核心。整个妆容色彩相对丰富而不凌乱，在自然中体现出优雅的风格。

色彩搭配方案

眼妆用亚光暗紫色眼影与玫红色搭配，暗紫色的运用提升了眼妆的优雅格调。为了使妆容呈现温暖感，在下眼睑用玫红色做小面积自然晕染。

适合新娘类型

此款妆容适合气质恬静的新娘，自然而不失大气。搭配鲜花或皇冠都能有很好的效果。

01

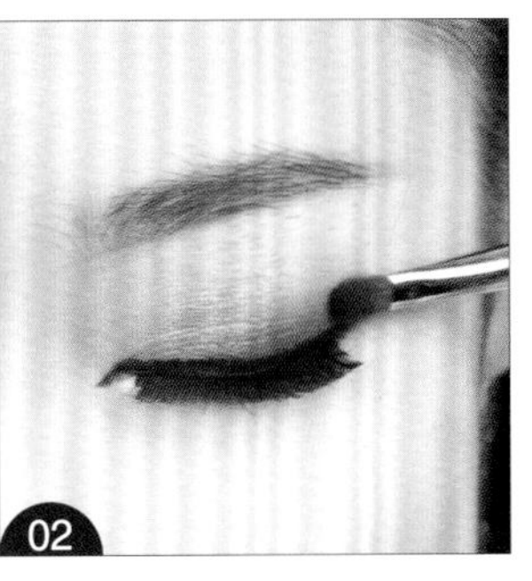
02

03

04

05

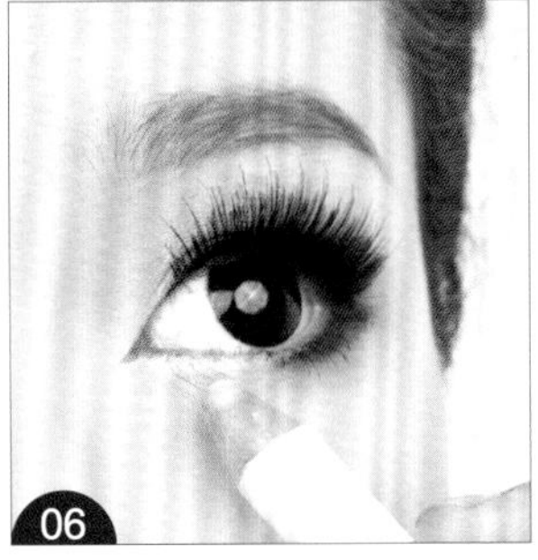
06

07

08

09

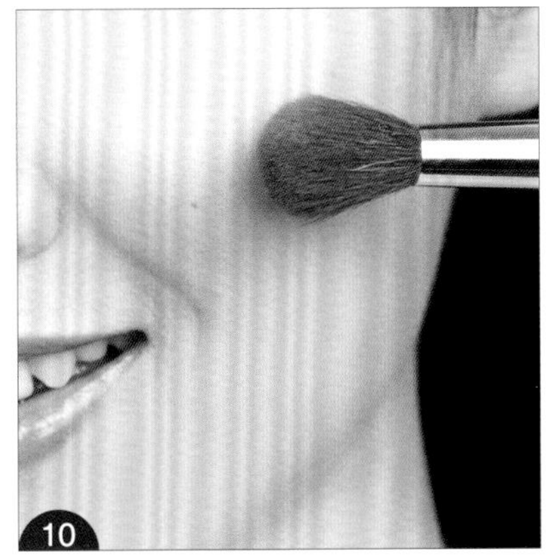
10

11

操作步骤

STEP 01 在上眼睑的前半段选择黄色眼影进行晕染，面积不宜过大。

STEP 02 在上眼睑的后半段选择蓝色眼影进行晕染，眼尾位置可适当上扬。

STEP 03 用铅质眼线笔在上眼睑描画自然眼线，眼尾可随眼影自然上扬。

STEP 04 下眼睑在后 1/3 位置用铅质眼线笔自然地描画眼线。

STEP 05 用玫红色眼影对眼线做自然的晕染过渡，使其更加柔和。

STEP 06 下眼睑剩余部分用白色眼线笔描画眼线，做自然填充。

STEP 07 内眼角位置适当用水溶性眼线笔勾内眼角，使眼妆带有妩媚感觉。

STEP 08 用咖啡色眉粉自然地晕染眉毛。

STEP 09 用灰色眉笔将眉毛补齐，眉毛处理得偏短一些。

STEP 10 在面颊处偏横向晕染橘色腮红，协调妆容，使其过渡得更加自然柔和。

STEP 11 用红润感唇彩处理唇部，不要出现明显的唇边缘线。

妆容风格解析

此款妆容用多种色彩进行合理的搭配，在浪漫中透露着妩媚，并在妩媚中带有可爱的格调。

色彩搭配方案

在眼妆的处理上，黄色、蓝色、玫红色的搭配接近于三原色的搭配。为了让眼妆搭配柔和，我们选择玫红色晕染下眼睑，并用白色眼线使几种色彩之间的搭配更加协调。橘色腮红及红润感唇妆的使用是为了使妆容更具有暖色调感觉。

适合新娘类型

此款妆容适合年龄较小并且皮肤质感较好的新娘使用，适合搭配鲜花、纱质饰品的造型。年龄偏大、五官过于立体的人很不适合此款妆容。

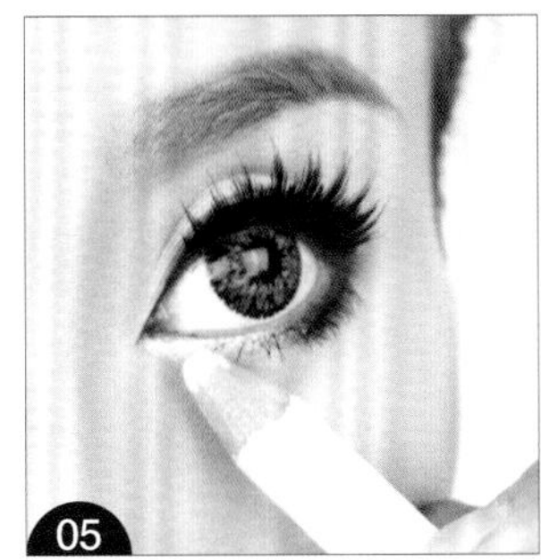

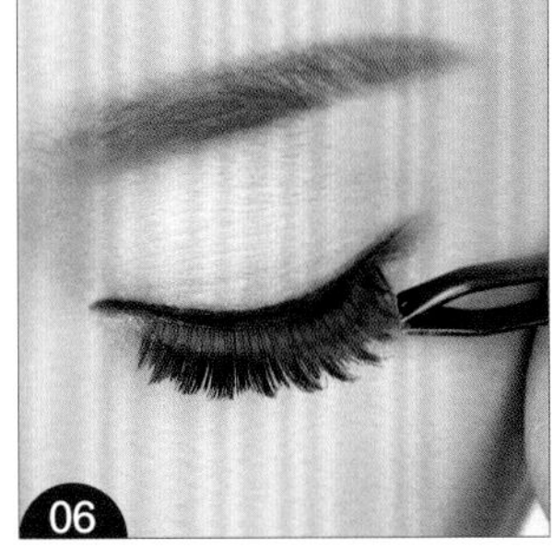

操作步骤

STEP 01 上眼睑选择黄绿色眼影淡淡地晕染，面积可以适当扩大。

STEP 02 下眼睑同样选择黄绿色眼影自然地晕染。

STEP 03 上眼睑位置的眼线用水溶性眼线笔做自然的描画，眼尾的眼线可自然上扬。

STEP 04 下眼睑位置用铅质眼线笔描画眼线，并用水溶性眼线笔加深细节。

STEP 05 下眼睑剩余位置的眼线用白色眼线笔进行描画，这样可以使眼妆更加干净。

STEP 06 选择自然卷翘的浓密型睫毛，粘贴在上眼睑。

STEP 07 剪取半段假睫毛，粘贴在下眼睑后半段黑色眼线的位置。

STEP 08 用咖啡色眉粉晕染眉色，使其更加柔和自然。

STEP 09 对眉毛的细节用灰色眼线笔进行描画。

STEP 10 斜向晕染棕橘色腮红，调和肤色，使五官更加立体。

STEP 11 用玫红色亚光唇膏描画唇形，使其轮廓饱满。

妆容风格解析

悦目的亮色及眼妆的细节处理使这款妆容呈现出如花般的感觉。妆容洋溢着甜美的气息，体现出清新的风格。

色彩搭配方案

眼妆与唇妆采用原色来搭配，并对其进行色彩弱化，使妆容色彩能更好地搭配在一起。黄绿色是对绿色的弱化，玫红色是对红色的弱化。这样的搭配会更加协调。

适合新娘类型

玫红色唇妆是近来比较流行的新娘唇妆色彩。此款妆容适合喜欢甜美清新感、追求时尚个性的新娘，比较适合搭配以鲜花为饰品的韩式造型。

操作步骤

STEP 01 在上眼睑位置晕染珠光紫色眼影，面积不要过大。

STEP 02 在上眼睑眼尾的位置用亚光紫色进行自然晕染，面积不要太大；在上眼睑眼头的位置晕染亚光紫色眼影，与眼尾的眼影形成呼应。

STEP 03 在上眼睑眼尾的位置用黑色眼影做细节晕染，使眼妆更具有立体感。

STEP 04 在上眼睑中间位置适当加一点珠光白进行提亮，使其更具有立体感。

STEP 05 在眉骨位置晕染珠光白色眼影，增强眼妆的立体感。

STEP 06 下眼睑同样用紫色眼影淡淡地在眼尾位置做细节晕染，与上眼睑的眼影相互呼应。

STEP 07 在眼尾位置用铅质眼线笔描画局部眼线。

STEP 08 在上眼睑粘贴自然纤长的睫毛，使眼妆更立体。

STEP 09 用咖啡色眉粉晕染眉色，使眉色更加自然。

STEP 10 在眉峰位置用灰色眼线笔描画，增强眉毛的立体感。

STEP 11 在面颊处斜向晕染棕色腮红，调和肤色，增强五官的立体感。

STEP 12 在唇部涂抹玫红色唇膏，唇形轮廓要饱满自然。

妆容风格解析

此款妆容以紫色眼妆与玫红色唇妆的结合来体现暖色感，整体妆容呈现出温馨浪漫的唯美风格。

色彩搭配方案

紫色中含有红色成分，玫红色是红色淡化而形成的色彩，两种色彩能够很好地进行搭配。眼妆采用偏暖的珠光紫色与偏冷的亚光紫色相互结合，增强眼妆的立体感，玫红色唇妆使妆容更具暖色气息。

适合新娘类型

此款妆容适合喜欢甜美感的新娘。需要注意的是，唇形不够饱满的新娘不太适合此款妆容。此款妆容适合用来搭配花朵及纱质的饰品，更能体现出柔和的美感。

Hairstyle of Bride

韩式新娘造型基础

韩式新娘造型的特点

相比于日式新娘造型的活泼可爱和欧式新娘造型的高贵大气，韩式新娘造型呈现端庄、优雅而唯美的感觉，近年来受到很多新娘的喜爱。在学习韩式新娘造型之前，我们先来讲解韩式新娘造型的特点及形式。

韩式造型的主体一般在后发区的位置，后发区的造型层次与结构比较丰富，刘海区及两侧发区的造型比较简约。但简约不等于简单，只有精心地处理所有细节才能达到整体的美感。在手法方面，韩式造型会将各种编辫子手法与打卷手法相结合。在饰品佩戴方面，皇冠饰品、蕾丝饰品、鲜花饰品、网纱饰品和水钻饰品等都可以用在韩式造型中，饰品的选择比较丰富。

韩式新娘造型的分类

每一种风格的造型都可以从多个角度对其分类。我们从造型手法出发，对韩式造型的表现形式做一下具体的分类。

■ 韩式编发造型

顾名思义，韩式编发造型主要通过编发的手法打造造型结构，在造型上主要展示辫子的纹理感，同时也需要一些辅助手法加以配合。一般编发的手法有三股辫编发、三带一编发、三带二编发、三连编、四股辫编发、鱼骨辫编发等。在造型的时候，可根据纹理形式及造型结构的需要选择合适的编发形式，也可将多种编发形式相互结合，从而达到最终的造型效果。

■ 韩式盘包造型

韩式盘包造型主要通过盘发的形式打造造型结构，编发或其他造型手法能在其中起到辅助作用，最终展示出来的是以盘发、包发为主的韩式造型。一般这类造型的发丝表面比较光滑，给人的感觉比较端庄。

■ 韩式编卷造型

韩式编卷造型将编发与打卷手法结合在一起，在造型上同时呈现编发和打卷两种效果。不过还是会有主次之分，可能是以打卷为主，编发为辅，也可能是在编发位置用发卷修饰一些细节。韩式编卷造型呈现的整体效果是比较优美的。

■ 韩式层次卷造型

用打卷的形式塑造造型的层次感，在造型过程中不管以什么手法来辅助，最终所呈现的是具有立体层次感的打卷造型。有时候会以编发作为刘海或轮廓区域的辅助造型。

韩式新娘造型基本手法解析

韩式新娘造型比其他风格的造型更注重细节之美，而这些细节是通过基本造型手法的相互结合呈现出来的。在学习具体的韩式造型之前，我们先对韩式造型的基本手法做一个介绍。

1. 基本倒梳

01 提拉起一片发量适中的头发，向上拉直。

02 将尖尾梳插入头发整个长度的 1/2~1/3，尖尾梳的梳齿不要全部穿透发片的横截面。

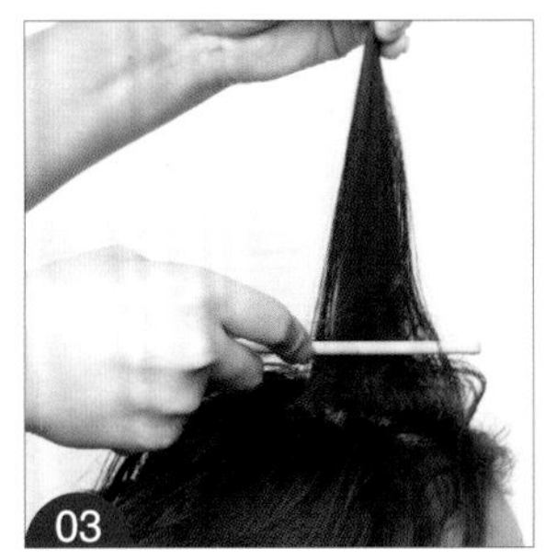
03 向下倒梳头发。在倒梳的时候，提拉头发的那只手不要随倒梳改变提拉力度和位置。

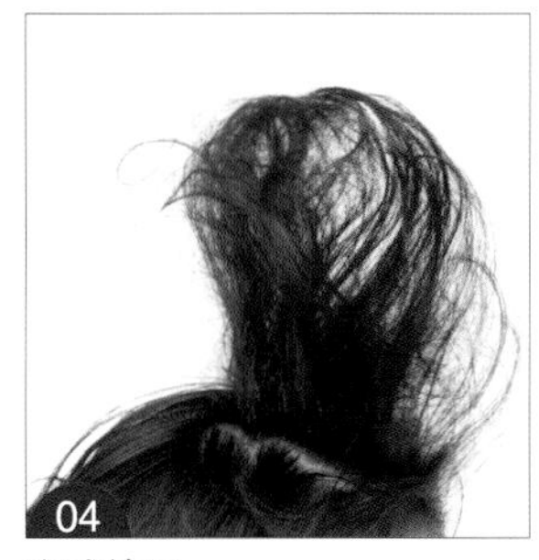
04 完成效果。

2. 移动式倒梳

01 提拉出一片头发，准备倒梳。

02 在倒梳的时候，提拉头发的手跟随倒梳的频率向将要做造型的方向移动。

03 完成效果。

3. 旋转式倒梳

01 处理好头发的基本形状。

02 将头发倒梳，在倒梳的同时旋转头发的角度。

03 用尖尾梳的尾端调整层次。

04 完成效果。

4. 梳光

01 将打毛好的发片放置在手掌上。

02 将尖尾梳的梳齿放置于打毛的头发表面，梳齿微斜。

03 梳理头发的表面，使其光滑。

5. 连环卷

分出一片头发，将其打毛，使发根立起来，梳光表面。

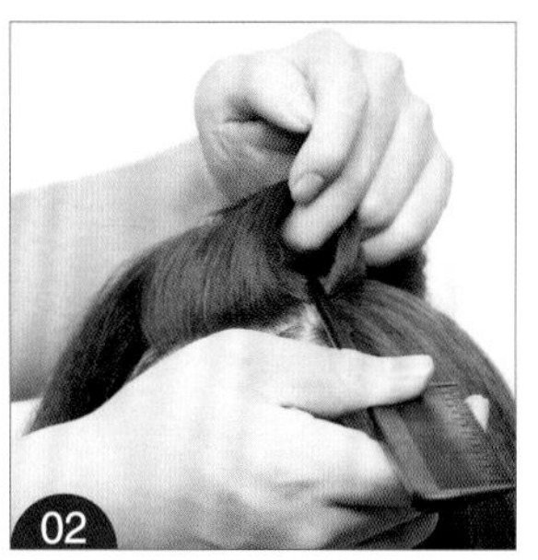

以梳子为轴将头发打卷，用手指调整卷的大小。

将固定好的发卷的发尾旋转并固定，形成第二个卷，卷与卷之间要形成空隙。将剩余发尾打卷并固定。

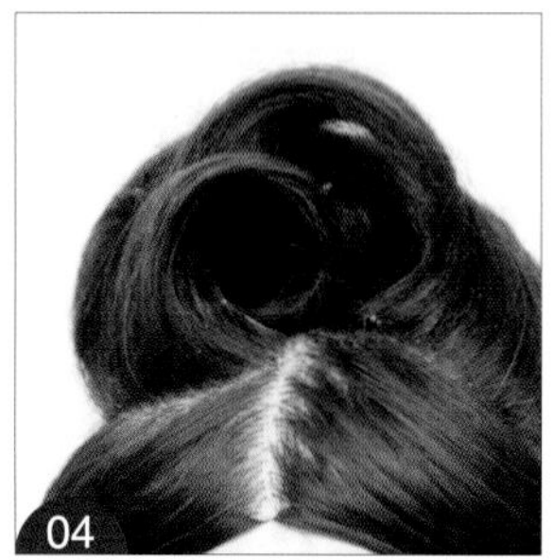

连环卷完成。

6. 上翻卷

取一片头发，以梳子为轴向上旋转，注意旋转的弧度。

抽出尖尾梳，然后用发卡固定头发。

将剩余的发尾继续向上做上翻卷。

上翻卷完成。

7. 下扣卷

分出一片头发，将头发打毛并梳光表面。

以梳子为轴向下翻转头发。

固定头发。

将剩余发尾继续向下翻转。

继续向下翻转头发并固定。

下扣卷完成。

8. 正编三股辫

01
取出三片头发，其中一片头发在另外两片头发中间。

02
向下以叠加的方式编发，三股头发之间连续的左右带入。

03
边编头发边调整松紧度，一般情况下，这种编发的松紧度是比较一致的。

04
用皮筋将辫子的发尾扎好。

9. 反编三股辫

01
分出三片头发，反方向相互叠加在一起。

02
边向下编边调整辫子的松紧度。

03
收尾的时候适当拉紧头发。

04
用皮筋固定。

10. 两股辫编发

01

分出两片头发，第一片向下带，第二片向上带。

02

连续向后编，边编边带入发片。

03

边编头发边调整角度。

04

在编头发的时候可以用隐藏发卡固定。

05

将编好的头发向上提拉，翻转并固定。

06

两股辫连编完成图。

11. 三带一编发

01

分出三片头发，如正编三股辫一样相互叠加。

02

其中两片头发不带入新发片，剩余一片带入新发片。

03

在编发的过程中要不断调整辫子的松紧度。

04

根据头发的摆放角度调整带入的头发保留的长度。

05

在收尾的时候可以适当拉紧发片。

06

将编好的辫子的发尾固定。

12 三带二编发

01 分出三片头发，相互叠加在一起。

02 其中两片头发带入新发片编发，剩余一片不带入。

03 在相互叠加的过程中保持三股头发之间的松紧度一致。

04 一般新加入的发片与之前的发片保持相同的量。

05 将编好的辫子用皮筋固定。

06 三带二编发完成图。

13. 三股连编编发

01 分出三片头发，用左边两片夹住右边一片。

02 每一片头发都带入一片新头发。

03 在连续编发的时候，调整编辫子的角度。

04 为辫子收尾，适当收紧。

05 将三股连编转化为正编三股辫，继续向下编发。

06 继续向下编发。

14. 四股辫编发

分出四片头发，相互叠加在一起，左右各两片。

相互叠加向下编发，在叠加的同时加入新发片。

右侧下边的头发向上叠加，与左侧上边的头发结合。

将编好的头发适当收紧。

用皮筋固定。

四股辫编发完成图。

15. 鱼骨辫编发

分出一片头发，用皮筋扎好。

从扎好的头发中分出两片，相互叠加，边编发边加头发。

注意调整辫子的松紧度。

准备收尾的时候适当拉紧头发。

用皮筋固定。

鱼骨辫编发完成图。

16. 间隔编发

01 将两股头发交叉，将一股头发卡在中间并将头发交叉。

02 以同样的方式连续操作。

03 收尾的时候用皮筋固定。

04 反方向用同样的方式操作。

05 边编发边将头发适当收紧。

06 收尾的时候适当提拉头发的角度，用皮筋扎好。

Hairstyle of Bride

韩式新娘编发造型

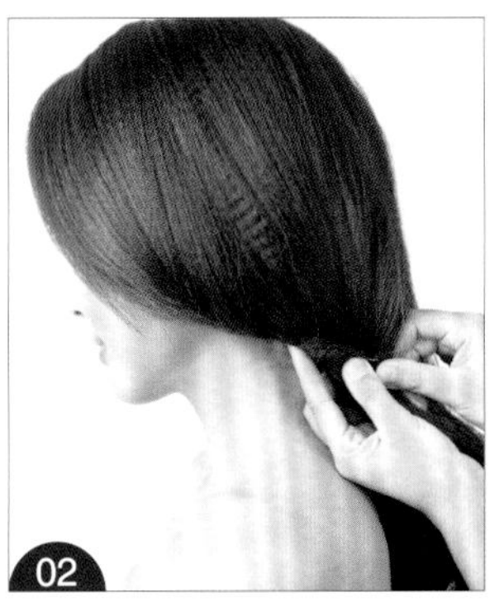

操作步骤

STEP 01 将刘海区头发倒梳，再将头发表面梳光，用尖尾梳调整发片的弧度。

STEP 02 在后发区取一片头发，扭转将其包裹住并固定，注意发卡不要外露。

STEP 03 将另一侧发区的头发取出上面一片，用三带一的方式开始编发。注意编发的松紧度。

STEP 04 编发一直延伸到后发区，用皮筋固定。

STEP 05 侧发区剩余的头发同样采用编发的方式向后收紧。

STEP 06 继续按照单侧加发的方式向后编织，和上一个发辫连接。

STEP 07 将编好的发辫和第一根发辫固定到一起，使发辫呈现一定的立体感。

STEP 08 取后发区的部分头发，继续用三带二的方式编发。

STEP 09 编好的发辫再次用皮筋固定，和之前的两股发辫衔接到一起。

STEP 10 将剩余的头发内侧倒梳，将外侧梳光滑后向上翻转固定。

STEP 11 用手调整固定后的发包。将两侧向中间挤压并固定，要固定牢固，不能松散。

STEP 12 在发包和发辫的衔接处用造型花修饰外轮廓，既弥补了发包与发辫交界处的空白，又增添了造型的美感。

★★★☆

所用手法

① 三带一编发

② 三带二编发

造型重点

打造此款造型的时候要注意后发区的发包收紧时要呈现出一定的角度，这样才能使造型呈现很好的轮廓感。

操作步骤

STEP 01 将侧发区头发倒梳后向上扭转固定。注意头发表面的光滑度及发卡的隐藏。

STEP 02 将侧发区剩余的发尾进行三股编发处理，在编发的过程中要注意松紧度。

STEP 03 将刘海区的头发倒梳，梳光表面，用梳子做出弧形的轮廓。

STEP 04 将刘海区的头发固定，然后将侧发区的头发分出一片发片，向上提拉，做上翻卷固定，发尾甩至后发区位置。

STEP 05 将侧发区剩余的头发继续向上提拉，扭转后固定，和第一个卷形成饱满的弧形结构。

STEP 06 后发区一侧的头发进行三带二的编发处理，编发时注意辫子的松紧度。

STEP 07 将编好的发辫用皮筋固定，用手稍微整理一下。

STEP 08 将后发区另一侧头发也采用同样的方式处理。

STEP 09 将编好的发辫用皮筋固定，衔接到一起，注意不能散开。

STEP 10 将几股辫子连接到一起，用发卡固定。

STEP 11 用蝴蝶结饰品在后发区进行点缀，固定的点在编发扭转的点上。

STEP 12 刘海区同样用稍大些的蝴蝶结点缀，使整个造型更加协调，造型完成。

难度系数

★★★☆

所用手法

① 三股辫编发

② 三带二编发

造型重点

在造型的时候，注意后发区辫子与辫子之间的衔接，中间不要出现明显的缝隙感，所以编发的时候就要呈现靠拢的状态。

操作步骤

STEP 01 将头发烫卷后分区，取后发区的部分头发进行编发处理。

STEP 02 采用三带二的方式编发，将刘海区及侧发区的头发添加进来。

STEP 03 取顶发区一侧的头发，进行编发处理，注意不要编得过紧。

STEP 04 拉出刘海区的头发进行加发，加发时注意间隔，以便营造出造型的空间感。

STEP 05 继续编发，将侧发区头发也添加进去，编发时注意间隔。

STEP 06 将编好的头发固定，用手整理头发的轮廓。

STEP 07 将后发区剩余的头发向一侧编发。

STEP 08 将编好的发辫用皮筋固定，用手调整结构。

STEP 09 将调整好的发辫用发卡固定。

STEP 10 在侧发区偏下的位置佩戴造型花，点缀造型。

STEP 11 在另一侧刘海区同样用造型花点缀，起到呼应的作用。

STEP 12 在侧发区偏后的位置同样用饰品进行点缀，使造型更加饱满。

★★★☆

所用手法

① 电卷棒烫发

② 三带二编发

造型重点

在编发的时候一定要注意辫子的松散感，并根据想固定的位置不断调整编发的角度，否则很容易造成两侧造型的结构不协调。

操作步骤

STEP 01 将头发分区，分出侧发区、顶发区和后发区。将顶发区的头发暂时固定，取顶发区和后发区结合处的发片倒梳，然后扭转固定。

STEP 02 取后发区右侧的发片，倒梳，梳光表面后向左侧扣转固定。

STEP 03 将顶发区的头发放下，用三带二的方式编发，编发时保持发辫的紧实。

STEP 04 将后发区剩余的头发一起添加进之前的三带二编发里。

STEP 05 继续编发，编至发尾，注意发辫不能过于松散。

STEP 06 将编好的发辫用皮筋固定，并将发梢藏进编好的辫子里。

STEP 07 将侧发区的头发分成两片，扭转后固定在后发区的位置。

STEP 08 将另一侧发区的头发向后翻转固定，发尾甩出，用手调整发片的立体感。

STEP 09 将发尾的头发用连环卷的方式固定，用手调整结构的饱满度。

STEP 10 最后将刘海区的头发以三带一的方式编发。

STEP 11 继续编发，编至发尾，注意发辫不能过于松散。

STEP 12 将编好的发辫向后旋转成一个弧形的轮廓，固定。

STEP 13 将发尾固定，用手整理造型的纹理和层次。

STEP 14 在后发区的位置佩戴造型花，用手调整饰品，使其更加具有立体感。

难度系数

★★★★

所用手法

① 三带二编发

② 三带一编发

造型重点

在编刘海区的头发的时候要注意辫子与额头的贴合感。要随时调整辫子的松紧度，使其呈现更加伏贴的感觉。

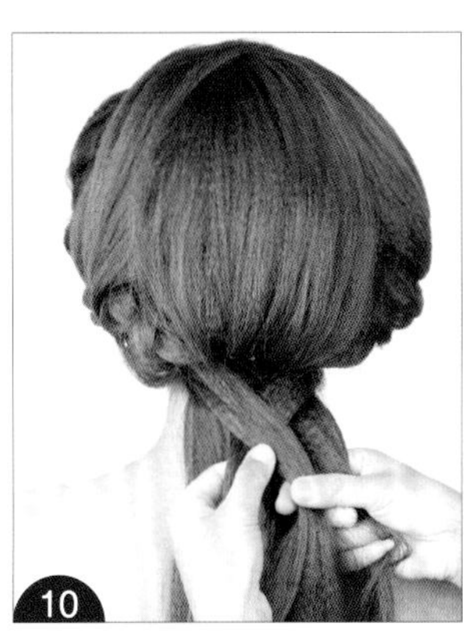

操作步骤

STEP 01 将刘海区三七分，然后取一侧刘海区头发，以三带一的方式编发。

STEP 02 将侧发区的头发添加进编发中，并向后延伸。

STEP 03 将后发区的头发继续添加进编发中，然后收尾固定。

STEP 04 另一侧刘海区的头发也采取三带一的方式进行编发处理。

STEP 05 同样连接侧发区及后发区的头发，编发的过程中保持角度的变化。

STEP 06 继续编至发梢，进行收尾，用皮筋固定发辫。

STEP 07 将左侧编好的发辫旋转后用十字交叉卡固定，并和右侧的发辫衔接，最后用手整理发辫摆放的位置和弧形。

STEP 08 将顶发区的头发向上提拉并倒梳内侧，制造蓬松感和饱满感。

STEP 09 将倒梳后的发片表面梳光滑，向下扣转固定，固定时注意牢固度。

STEP 10 将后发区剩余的头发进行四股辫编发处理。

STEP 11 继续编发，编至发梢，编发时注意适当地拉高角度。

STEP 12 将编好的发辫用皮筋固定，然后向上旋转，固定成发包状，用手调整造型的立体感。

STEP 13 在后发区佩戴造型花，造型完成。

★★★★

所用手法

① 三带一编发

② 四股辫编发

造型重点

在将顶发区倒梳后的头发梳光时要注意从侧面观察造型轮廓的饱满度，可以适当用尖尾梳进行调整。

操作步骤

STEP 01 将侧发区头发倒梳，梳光表面后固定在顶发区的位置，和前发区固定的头发衔接到一起。

STEP 02 将另一侧发区的头发倒梳，梳光表面后扭转固定，用梳子调整造型的纹理感。

STEP 03 取后发区右边的头发倒梳，梳光表面后向内侧翻转固定，用梳子调整造型的空间感。

STEP 04 将后发区剩余的头发以三带二的方式编发。

STEP 05 继续编发，编至发梢，用皮筋固定。

STEP 06 在后发区两侧剩余的头发中取一片，向上提拉，旋转打卷并固定。

STEP 07 将发辫环绕一圈，固定在之前打好的卷的外面，修饰卷筒的外轮廓。

STEP 08 将后发区剩余的头发继续以三股辫的方式编发。

STEP 09 将编好的发辫用皮筋固定，向上扭转成弧形，和之前的发辫衔接。

STEP 10 将后发区左侧剩余的头发同样以编发的方式收尾，叠加在之前发辫的上方，起到修饰后发区造型外轮廓的作用。

STEP 11 用手调整固定好的发辫，整理发辫的立体和层次感。

STEP 12 在后发区和顶发区的交界处佩戴饰品，造型完成。

★★★

① 三带二编发

② 三股辫编发

造型重点

打造后发区造型结构的时候，发卷与辫子应穿插在一起，这样才能呈现出丰富的层次感，并使造型结构更加饱满。

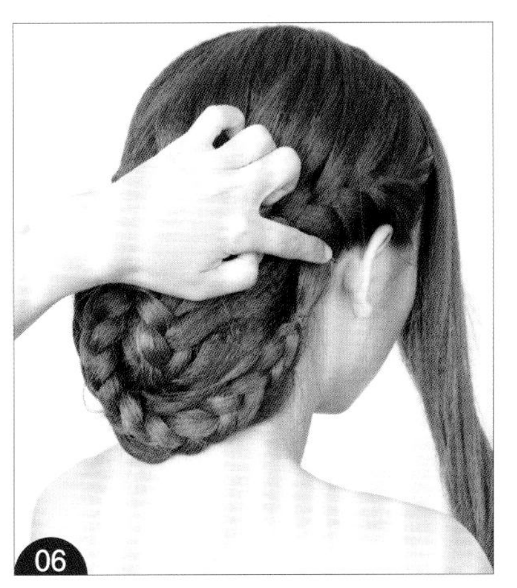

操作步骤

STEP 01 分出刘海区、侧发区和后发区。将侧发区的头发以三带一的编发方式向后发区连接，编发时注意保持发片光滑干净。

STEP 02 将另一侧发区的头发以同样的方式进行编发处理。

STEP 03 继续连接左侧的头发，编至发尾，用皮筋固定。

STEP 04 左侧发区的头发同样连接右侧的头发，在结构上形成一个交叉的轮廓。

STEP 05 将右侧编好的发辫向上提拉，固定在顶发区和后发区结合的位置。

STEP 06 将左侧编好的头发同样向右侧提拉，固定在造型的另一侧。

STEP 07 将刘海区头发向内扭转固定，形成上翻卷刘海。用尖尾梳调整层次。

STEP 08 将剩余的发尾继续扭转固定，和侧发区的发辫连接。

STEP 09 在后发区的位置佩戴饰品，造型完成。

★★★★☆

① 三带一编发 ② 上翻卷

造型重点

两个三带一辫子之间的交叉点要自然过渡，不要出现生拉硬拽的感觉。后发区两侧的结构感要基本保持一致。

01

02

03

04

05

06

07

08

09

10

操作步骤

STEP 01 将刘海区头发以三带一的方式编发，提拉发片的时候注意不要过紧，否则会影响造型轮廓的饱满。

STEP 02 继续编发，和后发区的头发做连接，连接的时候注意角度的变化和弧形轮廓的走向。

STEP 03 继续编发，至后发区收尾，用皮筋固定。

STEP 04 另一侧发区同样采用三带一的方式编发，连接后发区的头发。后发区中央头发留出。

STEP 05 继续编发至发尾，注意编发时的角度和弧形的轮廓，用皮筋固定。

STEP 06 将右侧发区编好的发辫向左侧顶发区方向提拉并固定。

STEP 07 将左侧发区的辫子向右侧发区固定，固定的发尾藏进右侧辫子里。

STEP 08 将后发区之前留出的头发进行鱼骨辫编发处理，编至发尾，用皮筋固定。

STEP 09 将固定好的头发向上提拉，用暗卡固定，和上方的发辫形成衔接。

STEP 10 在后发区辫子上方的位置佩戴饰品，造型完成。

难度系数

★★★★

所用手法

① 三带一编发

② 鱼骨辫编发

造型重点

从刘海区开始向后编发的时候要呈现自然隆起的感觉，并且注意向后发区位置编发的提拉感，这样辫子会呈现自然的松紧度，编得太紧会让造型轮廓显得生硬。

01

02

03

04

05

06

07

08

09

10

11

操作步骤

STEP 01　将一侧发区的头发扭转，固定在后发区和顶发区交界处。

STEP 02　取后发区右侧的头发倒梳，梳光表面后向内翻转固定。

STEP 03　取左侧发区的头发，分片扭转，固定在后发区右侧的位置。

STEP 04　继续将后发区头发分片扭转并固定，和后发区右侧的头发衔接。

STEP 05　将后发区剩余的头发编成四根三股辫，编辫子时注意不要过于松散。

STEP 06　将编好的第一股发辫向上提拉，翻转成发包状固定。

STEP 07　将第二股辫子向上提拉，包裹在第一个发辫形成的发包的外围，使结构感更加饱满。

STEP 08　将第三股发辫向右侧固定，注意发卡不要外露。

STEP 09　将最后一股发辫包裹在上一股发辫的外围，形成饱满的结构。

STEP 10　在发辫形成的圆弧结构上方位置佩戴饰品，点缀造型。

STEP 11　在刘海区和侧发区衔接处用饰品点缀，使造型更加丰满。

★★☆

所用手法

① 三股辫编发

② 翻卷固定

在造型的时候注意后发区位置几股辫子不能随意摆放，而是要用几股辫子摆放出内外层次感，这样造型才能呈现出更好的饱满度。

01

02

03

04

05

06

07

08

09

10

11

操作步骤

STEP 01 将刘海区头发内侧倒梳，梳理成弧形后固定，用梳子调整刘海的弧形。

STEP 02 将侧发区的头发内侧倒梳，向上提拉，翻转固定，固定在刘海区发尾的位置。

STEP 03 左侧发区的头发同样倒梳内侧，向上提拉，翻转固定，和之前的刘海区头发衔接。

STEP 04 将后发区的头发进行三带一编发处理，使其呈现弧形的走向。

STEP 05 环绕一圈以后再取左侧发区的头发添加进编发中，编发的时候注意不能过紧，以免影响造型的结构感。

STEP 06 编发一圈再次向右加发，使整体的轮廓走向呈现出不规则的 S 形。

STEP 07 将后发区左侧剩余的头发同样编发，编发时角度的变化非常重要。

STEP 08 将编好的发辫向一侧固定，把发尾藏好，不要影响造型的美感。

STEP 09 后发区右侧的发辫向左侧固定，固定时记得发尾不能外露。

STEP 10 在发辫的结合处点缀造型花。

STEP 11 在顶发区和后发区交界处同样佩戴造型花，使造型更加饱满。

难度系数

★★★★★

所用手法

① 三带一编发

② 平刘海造型

造型重点

注意后发区位置编发的弧度感，在编发造型中不要出现过于尖锐的角度，应边编发边调整其角度及松紧度。

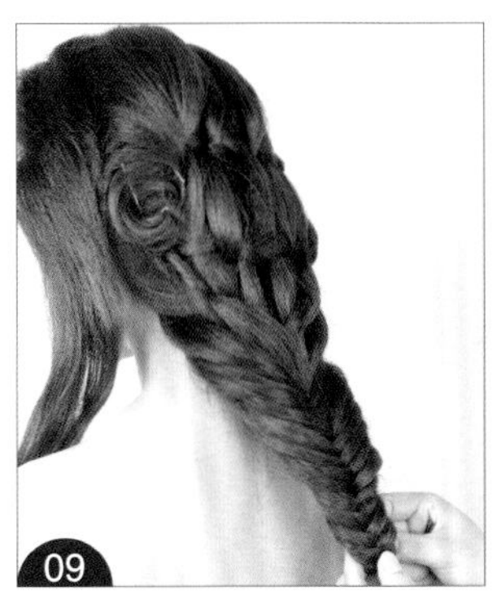

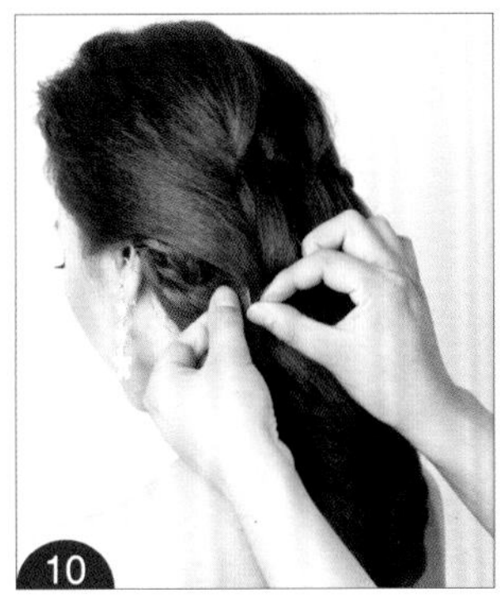

操作步骤

STEP 01 将侧发区的头发以间隔编发的方式向后编发，注意不要过于松散。

STEP 02 将添加的头发甩出来留用，注意每个间隔产生的空间感。

STEP 03 将后发区下方的头发继续以间隔编发的方式编发，与上方的编发要保持适当的距离。

STEP 04 编至后发区的一侧，用发卡固定，将发尾藏到头发里。

STEP 05 下方的头发按照同样的方式收起，仍然与上方的头发保持适当的距离。

STEP 06 将编发剩余的发尾两股连接在一起。

STEP 07 用暗卡将连接到一起的头发衔接，发卡不要暴露。

STEP 08 将后发区剩余的头发以鱼骨辫的方式收起。

STEP 09 将编好的鱼骨辫用皮筋固定，发尾藏进头发内侧，用暗卡固定。

STEP 10 将侧发区留出的头发内侧倒梳，向后发区扭转，打卷并固定，用手整理卷筒的立体感。

STEP 11 在发辫的位置佩戴蝴蝶结饰品，点缀造型。

STEP 12 在造型下方的位置同样用蝴蝶结点缀，和上方衔接，造型完成。

★★★☆

所用手法

① 间隔编发

② 鱼骨辫编发

造型重点

注意后发区辫子的整体轮廓。从间隔编发开始就要考虑这个问题，否则底端的收紧状态会显得不够自然。

操作步骤

STEP 01 将刘海区头发内侧倒梳，向顶发区固定，用尖尾梳调整表面的纹理感。

STEP 02 将侧发区头发以三带一的方式向后发区编发，编发时注意提拉的角度。

STEP 03 将发辫编至后发区的一侧，用皮筋固定。

STEP 04 取发辫下方的头发，继续三带一编发，和上方的发辫保持适当的距离。

STEP 05 发辫持续向一侧编至发尾，将编好的发辫用皮筋固定。

STEP 06 将另一侧发区头发以三带一的方式向后发区编发，编至发尾，用皮筋固定。

STEP 07 将左侧发区的发辫环绕一圈，固定在后发区右侧上方发辫的内侧。

STEP 08 将上方的发辫扭转后固定，和之前固定的发辫衔接。

STEP 09 将第三股发辫向左侧扭转后固定，用手整理造型的纹理感。

STEP 10 将最后一股头发以编发的形式收尾，注意编发时弧度的变化。

STEP 11 将编好的发辫向上提拉并固定，和其他几股发辫衔接。

STEP 12 在顶发区佩戴饰品，造型完成。

★★★☆

三带一编发

造型重点

几条辫子之间相互叠加穿插，能够制造更强的层次感。尤其要注意最后一条辫子，应边编发边调整角度，使后发区轮廓更加饱满。

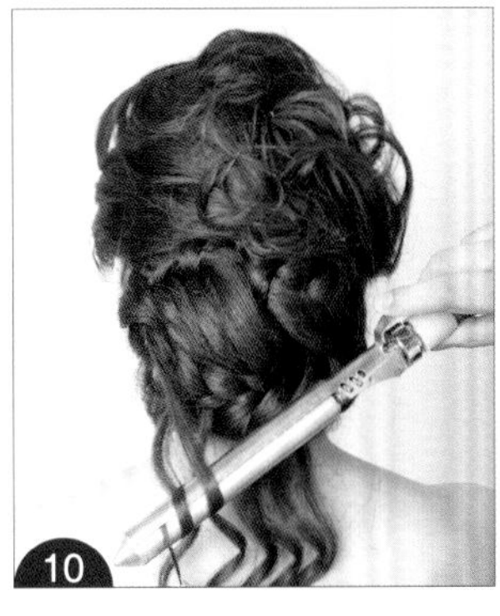

操作步骤

STEP 01 将头发分区烫卷，提拉刘海区头发，进行内侧倒梳。

STEP 02 将后发区头发以三带一的方式编发，注意要编得适当松散。

STEP 03 编发一直延伸到后发区的左侧。

STEP 04 将编好的头发固定，用梳子调整固定好的头发的纹理和层次。

STEP 05 将后发区左侧剩余头发以三带一的方式编发，在编发时记得每加一缕头发就甩出一缕留用。

STEP 06 将编好的头发固定在后发区的右侧。

STEP 07 将剩余的最后一片头发以三股辫的编发方式收尾，向上提拉并固定，形成造型的外轮廓。

STEP 08 将侧发区头发倒梳，向后发区固定，用梳子整理侧发区头发的纹理和层次。

STEP 09 再次用卷棒对侧发区及刘海区头发进行二次造型，使造型的纹理感更加明显。

STEP 10 将后发区留出的头发同样进行二次烫卷。

STEP 11 在后发区和顶发区结合的位置佩戴饰品。

STEP 12 在后发区的发辫上插满插珠，对造型进行点缀。

难度系数

★★★☆

所用手法

① 三带一编发

② 三股辫编发

造型重点

注意电卷棒对顶发区及侧发区的头发烫出的弯度，应使造型更具有层次感。后发区留出的头发烫卷的弯度及空隙感要保持一致。

01

02

03

04

05

06

07

08

操作步骤

STEP 01 将所有头发烫卷，提拉刘海区头发，倒梳内侧。

STEP 02 将刘海区头发连接侧发区的头发，以三带一的方式编发，要适当松散。

STEP 03 将发辫一直连接到后发区，注意编发的角度变化。

STEP 04 编至发尾，将后发区左侧的头发以三带一的方式添加进右侧的发辫里。

STEP 05 将发辫向左侧提拉收尾，用皮筋固定。

STEP 06 将固定的发尾藏进头发里，发卡不能外露，再用手整理后发区造型的层次感。

STEP 07 用暗卡将发辫和上方的头发衔接。

STEP 08 在后发区的左侧位置佩戴造型花，造型完成。

难度系数

★★★

所用手法

① 三带一编发 ② 倒梳

造型重点

在编发编至后发区底端的时候要适当松散一些，这样更有助于发辫向造型另外一侧后发区延伸，从而使造型更加圆润饱满。

操作步骤

STEP 01 将刘海区头发向一侧梳理，发尾翻转后固定，用梳子调整刘海的弧度。

STEP 02 将侧发区的头发向上翻卷，和刘海区的头发衔接。

STEP 03 将左侧发区的头发扭转后固定在顶发区和后发区交界处，和右侧固定的头发衔接。

STEP 04 将左侧发区剩余的头发内侧倒梳，向后发区固定。

STEP 05 将固定后的头发剩余的发尾进行三股辫编发处理。

STEP 06 将编好的发辫用皮筋固定，向上扭转并固定。

STEP 07 将后发区右侧的头发以三带一的方式编发。

STEP 08 编发至发尾，发尾的辫子要相对紧实，最后用皮筋固定。

STEP 09 将编好的发辫向上环绕一圈后固定，和之前固定的发辫衔接。

STEP 10 左侧的头发同样以三带一的方式编发。

STEP 11 向一侧编发，编至发尾，用皮筋固定。

STEP 12 最后将剩余的头发也以三股辫的方式编发，用皮筋固定。

STEP 13 将其中一股发辫向上提拉，环绕一圈，将发尾固定在顶发区和后发区交界处。

STEP 14 将剩余的一股发辫扭转并固定，用手整理发辫的弧度。

STEP 15 在刘海区的位置佩戴饰品，后发区的位置同样用小蝴蝶结进行点缀，造型完成。

难度系数

★★★★

所用手法

① 三带一编发

② 三股辫编发

造型重点

此款造型呈现辫子之间的互相包裹形式。在编发的时候要随着辫子所处的位置调整其弧度，尤其是最后一条辫子，要使后发区的造型轮廓感更加饱满。

操作步骤

STEP 01 将所有头发用玉米夹夹蓬松，用梳子将刘海区头发内侧倒梳，再将表面梳理光滑。

STEP 02 侧发区头发以三带二的编发方式处理，编发时注意保持适当的松散度。

STEP 03 继续编发，连接后发区的头发。

STEP 04 编至后发区中央的位置开始收尾，最后将编好的发辫用皮筋固定。

STEP 05 另一侧发区头发以三带一的方式编发。

STEP 06 将编好的发辫固定在后发区，用手调整发辫的饱满度。

STEP 07 将另一侧发辫环绕一圈，固定在左侧，发尾藏进头发里。

STEP 08 将剩余的头发以三股辫的形式编发。

STEP 09 将编好的发辫向上提拉，固定在侧发区和后发区交界处，和一侧的发辫衔接。

STEP 10 在后发区右侧的位置佩戴饰品。

STEP 11 在刘海区和侧发区交界处佩戴同材质饰品，进行点缀，造型完成。

★★☆

① 三股辫编发

② 三带二编发

造型重点

后发区辫子的纹理感要自然，不要编得太紧。可以用饰品修饰其弧度。

操作步骤

STEP 01 将侧发区头发向前提拉，以三带一的方式编发。

STEP 02 继续编发至发尾，注意角度的变化。

STEP 03 将刘海区头发以三带一的方式编发。

STEP 04 将刘海区编好的发辫用皮筋固定，再将侧发区剩余的头发以三股辫的形式编发。

STEP 05 将侧发区的发辫向前环绕一圈，固定在刘海区的位置。

STEP 06 将刘海区的发辫向后固定，发尾藏进头发里。

STEP 07 将最后一股发辫向上扭转一圈并固定。

STEP 08 将另一侧发区的头发以三带一的方式向造型的一侧编发，注意发辫不要过于松散。

STEP 09 发辫一直连接到另外一侧，收尾，用皮筋固定。

STEP 10 将固定好的头发向上提拉，环绕半圈后固定，发尾藏进头发里。

STEP 11 在后发区和顶发区的位置抓纱，对造型进行点缀。

STEP 12 在纱的位置放上造型花，使造型更加饱满，造型完成。

难度系数

★★★☆

所用手法

① 三带一编发

② 三股辫编发

造型重点

此款造型将各个角度的三带一编发相互衔接。需要注意的是后发区的编发弧度和刘海区的编发弧度，两个弧度都要圆润饱满。

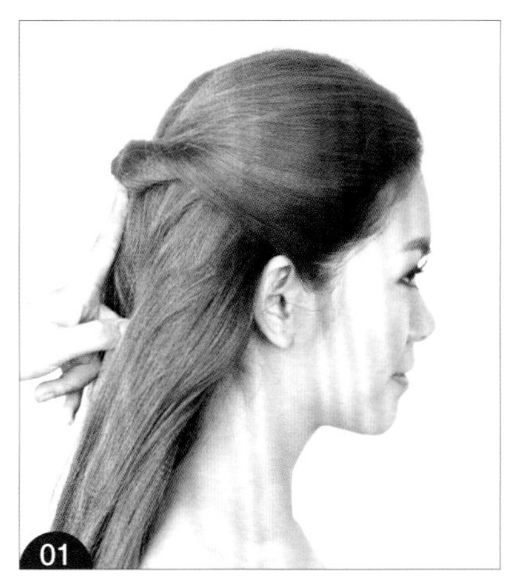

操作步骤

STEP 01 将两侧头发连接到一起，在后发区用皮筋固定，将固定后的头发向皮筋内翻转。

STEP 02 将后发区两侧的头发再次连接，用皮筋固定成马尾状，再次翻转。

STEP 03 后发区下方的头发继续用皮筋固定，进行翻转。

STEP 04 将剩余的最后一片发片和上方的马尾合并，再次向上翻转。

STEP 05 用手整理翻转后的头发，调节头发的弧形轮廓。

STEP 06 将剩余的发尾向上翻转，打卷并固定。

STEP 07 在顶发区和后发区的位置放上造型花，对造型进行点缀，造型完成。

★★☆

所用手法

扎马尾

造型重点

此款造型是通过扎马尾并将马尾翻转衔接形成。在造型的时候，注意马尾之间的叠加，并隐藏好皮筋的固定点。

01

02

03

04

05

06

07

08

09

10

操作步骤

STEP 01 将所有头发烫卷，将刘海区头发倒梳后向上翻卷，用尖尾梳调整头发的层次感。

STEP 02 将剩余发尾倒梳后翻转，打卷并固定，再次用尖尾梳调整卷筒的立体感。

STEP 03 将侧发区头发内侧倒梳后向上收起，发尾部分固定在顶发区的位置。

STEP 04 另外一侧以同样的方式处理。

STEP 05 顶发区头发向下以三带二的方式编发，编发时注意保持松散。

STEP 06 将后发区右侧头发按照三带一的方式编发。

STEP 07 后发区左侧头发用同样的方式收起，用皮筋固定。

STEP 08 将几股编好的发辫发尾用皮筋固定到一起。

STEP 09 将固定好的头发扭转，向内收起，用发卡固定，再用一根暗卡将固定的发尾和上方的发辫衔接。

STEP 10 在顶发区和后发区交界处佩戴造型花，造型完成。

难度系数

★★★☆

所用手法

① 上翻卷

② 三带一编发

造型重点

造型的时候注意刘海区打卷的层次感，不要将发丝处理得过于光滑，要呈现出一定的蓬松感，但不能显得凌乱，这样造型会看上去更加自然。

01

02

03

04

05

06

07

08

09

10

11

12

13

操作步骤

STEP 01 将所有头发用玉米夹处理蓬松，将刘海区头发向上翻卷，用尖尾梳调整扭转头发的层次感。

STEP 02 将刘海区剩余的发尾打卷，固定在侧发区的位置，和扭转的头发衔接。

STEP 03 后发区的头发以三带一的方式编发。

STEP 04 将编好的发辫固定，将顶发区头发连接侧发区头发，以三带一的方式横向编发。

STEP 05 将后发区头发按照三带一的方式横向编发。

STEP 06 将发辫收尾，用皮筋固定。

STEP 07 将后发区剩余头发进行编发处理，用皮筋固定。

STEP 08 将发辫向上环绕，扭转并固定。

STEP 09 将后发区的发辫继续扭转，向上提拉并固定，发尾藏进头发里。

STEP 10 将右侧发辫扭转后固定，和左侧发辫衔接，发尾藏进头发里。

STEP 11 在后发区和顶发区分别用造型花点缀。

STEP 12 在刘海区同样用造型花点缀。

STEP 13 在另一侧刘海区和侧发区交界处同样用造型花对额头进行修饰，造型完成。

难度系数

★★★☆

所用手法

① 上翻卷

② 三带一编发

造型重点

因为三带一编发编得有些紧，所以后发区的空隙感比较强。打造此款造型的时候，要注意用造型花修饰后发区的空隙位置。

01

02

03

04

05

06

07

08

操作步骤

STEP 01　将所有头发向后发区收拢，将部分头发以四股辫合并，以鱼骨辫的方式编发，发尾用皮筋固定。

STEP 02　将后发区剩余头发以三股辫的方式编发。

STEP 03　后发区剩余头发同样按照三股辫的方式编发，编至发尾，用皮筋固定。

STEP 04　将编好的发辫固定在后发区左侧偏下的位置，用发卡固定。

STEP 05　将第二股发辫固定在右侧发区偏下的位置，用发卡固定。

STEP 06　将剩余的两股发辫分别向上缠绕一圈，用发卡固定，调整轮廓。

STEP 07　在后发区和顶发区交界处佩戴饰品。

STEP 08　在后发区发辫处佩戴蝴蝶结，造型完成。

难度系数

★★

所用手法

① 四股辫编发　② 鱼骨辫编发

造型重点

打造此款造型的时候，要注意用最后的两根辫子修饰后发区的造型轮廓，使其呈现饱满的状态。

01

02

03

04

05

06

07

操作步骤

STEP 01 将两侧头发内侧倒梳，梳光表面，穿过后发区头发收拢，用皮筋将两侧头发连接到一起。

STEP 02 将后发区头发放下，再取顶发区两侧头发，用皮筋连接到一起，形成马尾。

STEP 03 将顶发区固定的马尾向内侧扭转。

STEP 04 将后发区剩余头发反编三股辫，在编发的时候注意保持发辫的松散。

STEP 05 将编好的发辫收尾，用皮筋固定，将固定的发尾藏进发辫内侧。

STEP 06 在顶发区和后发区衔接处佩戴饰品，用手适当调整饰品的位置。

STEP 07 在后发区发辫的位置用蝴蝶结点缀，造型完成。

难度系数

★★★

所用手法

① 反编三股辫 ② 扎马尾

造型重点

在反编三股辫的时候，要使发辫呈现蓬松自然的状态，不要编得过于光滑，蓬松的编发可以使造型更加唯美。

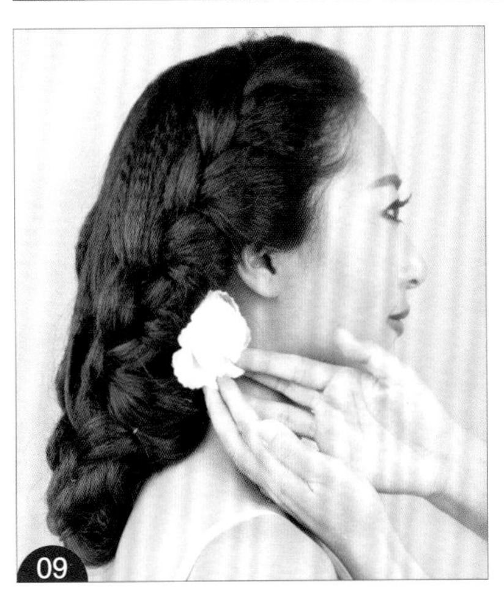

操作步骤

STEP 01　将刘海区合并侧发区头发，以三带二的方式编发。

STEP 02　编发时继续向后连接后发区的头发，注意适当保持松散。

STEP 03　将发辫编至发尾，注意角度的变化，操作者的身体要不断移动。

STEP 04　将编好的发辫用皮筋固定。

STEP 05　另一侧发区采用同样的方式处理。

STEP 06　继续将后发区的头发添加进发辫里，编发时注意两边的对称性。

STEP 07　将编好的发辫同样用皮筋固定。

STEP 08　用皮筋将两股发辫连接到一起，发尾藏进头发里。

STEP 09　在后发区的一侧佩戴造型花，进行点缀。

STEP 10　在后发区继续点缀造型花。

STEP 11　在造型花之间点缀插珠，使造型的层次感更明显，造型完成。

难度系数

★★

所用手法

三带二编发

造型重点

在编发的时候要注意，靠近发尾的位置要编得紧一些，上松下紧的状态可以使造型层次感更丰富，轮廓感更好。

操作步骤

STEP 01 取刘海区头发，向顶发区进行鱼骨辫编发处理，编发时候注意保持松散。

STEP 02 将发辫编至一半，用发卡暂时固定。

STEP 03 将两侧发区的头发向后扭转，交叉固定。

STEP 04 将固定后的头发连接上方的发辫，一起进行编发处理。

STEP 05 继续将后发区两侧头发扭转并加入到发辫里，在编发时要适当收紧。

STEP 06 继续向下编发，继续添加两侧的头发。

STEP 07 编发时注意角度要不断降低，发辫的松紧度要随时调整。

STEP 08 继续编发，将发辫编至发尾，用皮筋固定。

STEP 09 将发辫向上扭转，固定在后发区左侧的位置。

STEP 10 将剩余的头发内侧倒梳，梳光表面后向上打卷并固定。

STEP 11 将卷筒用发卡固定，用手调整卷筒的立体感和弧形的轮廓。

STEP 12 在后发区佩戴蝴蝶结饰品，进行点缀。

STEP 13 在蝴蝶结周围用插珠点缀，造型完成。

难度系数

★★★★

所用手法

① 鱼骨辫编发

② 打卷

造型重点

用后发区的头发打卷，修饰辫子固定的点。在修饰的时候注意，打卷要饱满自然，使后发区的轮廓感更加完美。

操作步骤

STEP 01 用玉米夹将头发处理蓬松，用梳子将头发向后发区整理。

STEP 02 将后发区头发以鱼骨辫的形式编发。

STEP 03 编发的时候，头发要收紧，不能过于松散。

STEP 04 持续编发至发尾位置，在编发时注意角度的变化。

STEP 05 将编好的发辫用皮筋固定。

STEP 06 将发辫向内扣卷，然后塞进头发里，用皮筋固定。

STEP 07 在一侧发区的位置佩戴蝴蝶结饰品。

STEP 08 在后发区以同样材质的饰品点缀。

STEP 09 在另一侧发区和刘海区交界处同样以蝴蝶结饰品点缀。

难度系数

★★★

所用手法

① 鱼骨辫编发 ② 下扣卷定

造型重点

在将鱼骨辫向下扣卷并向内收时，要将后发区的轮廓打造得更加饱满，并固定牢固。不要出现凸凹不平的感觉。

操作步骤

STEP 01 将刘海区的头发向后连接后发区的头发，进行鱼股辫编发。

STEP 02 一直向下编发，将后发区中间的头发全部添加进去。

STEP 03 编发一直延伸到发尾，用皮筋固定。

STEP 04 将后发区右侧的头发以三股辫的形式编发，并用皮筋固定。

STEP 05 将侧发区头发同样以三股辫的形式编发。

STEP 06 将后发区左侧的头发按照三股辫的方式编发。

STEP 07 左侧发区的头发同样以三股辫的形式编发，用皮筋固定。

STEP 08 将编好的第二股发辫打卷后固定在后发区的一侧。

STEP 09 将后发区右侧的发辫向左扭转并固定，发尾藏进头发里。

STEP 10 将侧发区的发辫同样扭转并固定，和之前的发辫衔接。

STEP 11 将造型左侧发区的头发扭转后向右侧固定，发尾藏进头发里。

STEP 12 将中央的鱼骨辫向下扣转并固定，覆盖其他几股发辫。

STEP 13 在刘海区和侧发区交界处佩戴造型花，进行点缀。

STEP 14 在后发区佩戴饰品，使造型的层次感更加饱满，造型完成。

难度系数

★★★★

所用手法

① 鱼骨辫编发

② 三股辫编发

造型重点

中间鱼骨辫和两侧发辫在后发区固定后角度会显得有些生硬，可以用饰品横向固定，冲淡这种生硬感。

操作步骤

STEP 01 将刘海区头发以三带一的编发方式向后发区连接头发。

STEP 02 另一侧的头发按照同样的方式处理。

STEP 03 将编好的发辫用皮筋固定，再用皮筋将两股发辫固定到一起。

STEP 04 取侧发区的头发，以三带一的方式编发。

STEP 05 编至发尾，用皮筋固定。

STEP 06 另一侧发区采取同样的方式操作。

STEP 07 在编发时连接后发区的头发，保持操作者身体的移动和发辫角度的变化。编发至发尾，再将侧发区编好的两股发辫用皮筋连接到一起。

STEP 08 将后发区剩余的头发内侧倒梳，梳光表面后向上翻卷，固定在发辫的位置，对皮筋有效地遮挡。

STEP 09 剩余的头发继续扭转并固定，发尾甩出留用。

STEP 10 将剩余的发尾进行编发处理。

STEP 11 编好的发辫用皮筋固定。

STEP 12 将发辫向上翻转并固定，发尾藏进头发里。

STEP 13 在侧发区和刘海区交界处佩戴造型花，进行点缀。

STEP 14 在造型的另一侧佩戴同样材质的造型花，进行点缀。

STEP 15 在后发区放上蝴蝶结饰品点缀，在发辫的位置继续用蝴蝶结饰品点缀，造型完成。

难度系数

★★★★

所用手法

① 三带一编发

② 上翻卷

造型重点

注意后发区的上翻卷造型，这个结构起到承上启下的作用，目的是使造型层次感更强。造型应在后发区呈现流畅的线条感。

操作步骤

STEP 01 将侧发区头发内侧倒梳，再将表面梳光，然后向内扭转并固定。

STEP 02 将另一侧发区以两股编发的方式编向右侧，和之前扭转的头发衔接，发尾甩出留用。

STEP 03 将剩余的发尾用皮筋固定成一条马尾。

STEP 04 将后发区一侧剩余头发用三带一的方式编发。

STEP 05 继续编发，将马尾的头发分成多次添加进来。

STEP 06 编至发尾，发辫的外轮廓形成一个弧形。

STEP 07 将编好的发辫用皮筋固定，用手整理发辫的松紧度。

STEP 08 将另一侧头发以同样的方式操作。

STEP 09 将马尾剩余的头发添加进编发中。

STEP 10 编至发尾，检查两边的对称度，然后用手适当调整。

STEP 11 将编好的发辫用皮筋固定。

STEP 12 将固定好的发尾藏进头发里，用暗卡固定。

STEP 13 在后发区和顶发区结合的位置佩戴饰品，进行点缀，造型完成。

难度系数

★★★☆

所用手法

① 三带一编发

② 两股辫编发

造型重点

在后发区三带一编发的时候，注意发辫应在外轮廓边缘呈现紧实状态，在靠里的位置呈现松散状态。这样编发的目的是使两个辫子能够更好地衔接，不至于有空隙感。

操作步骤

STEP 01 将所有头发烫卷，将刘海区头发内侧倒梳，向顶发区扭转并固定。

STEP 02 将侧发区头发内侧倒梳后向上翻转，固定在顶发区位置，和刘海区头发衔接。

STEP 03 将后发区头发同样进行内侧倒梳，向上翻转并固定在顶发区的位置。

STEP 04 将另一侧发区头发以同样的方式处理。

STEP 05 将后发区左侧的头发以三带二的方式编发。

STEP 06 编至发尾，注意编发的时候不要过于松散。

STEP 07 将编好的发辫用皮筋固定，用手调整发辫的松紧度。

STEP 08 将顶发区的头发以三带一的方式横向编发。

STEP 09 编发时连接后发区右侧的头发，注意轮廓应形成一个弧形。

STEP 10 继续向下编发，注意发辫的松紧度，随时用手调节。

STEP 11 将编好的发辫用皮筋固定，和第一股发辫在结构上形成交叉状。

STEP 12 将交叉后的发辫向上扭转并固定，用手调节发辫的立体感。

STEP 13 将另一股发辫向造型的另外一侧扭转并固定，用手整理发辫的立体感。

STEP 14 在发辫固定的地方分别放上造型花点缀，用暗卡固定，造型完成。

难度系数

所用手法

① 三带一编发

② 三带二编发

造型重点

此款造型的重点是刘海位置的造型结构。可以在扭转之后向前推，使其呈现更加饱满的弧度。

Hairstyle of Bride

韩式新娘盘包造型

操作步骤

STEP 01 将头发分区，将顶发区的头发倒梳，梳光表面，做出蓬松饱满的发包。将左侧发区的头发两股编辫，向后发区收紧。

STEP 02 将左侧发区处理好的头发拧向右侧并固定，要固定牢固。

STEP 03 右侧发区同样采取两股辫编发的方式向左侧收紧。

STEP 04 将右侧发区收紧后的头发固定，和左侧发区固定的头发衔接。

STEP 05 将刘海区的头发内侧倒梳，梳光表面后向侧发区扭转，用尖尾梳调整头发的层次感。

STEP 06 继续扭转刘海区的头发，向顶发区固定，和两侧发区固定的头发衔接。

STEP 07 将顶发区头发固定，取顶发区下方的发片，倒梳后梳光表面，打卷。

STEP 08 将打卷后的头发固定，然后用手调整卷筒的结构。

STEP 09 另一侧的发片同样倒梳内侧，梳光表面，做手打卷。

STEP 10 将打卷后的头发固定牢固，可用十字交叉卡，然后用手简单调整结构。

STEP 11 将顶发区暂时固定的头发放下来，倒梳内侧，制造蓬松度。

STEP 12 将倒梳后的头发表面梳光，向下扣卷，包住两个卷筒，形成一个饱满的圆弧形结构。下发卡固定，固定时注意发卡不要外露。

STEP 13 在刘海区与侧发区衔接处佩戴造型花，用手调整花朵摆放的位置。

STEP 14 在另一侧发区同样佩戴造型花，形成呼应的效果。

STEP 15 在后发区所有头发固定的地方佩戴网纱，进行有效的遮挡。网纱和花的组合也突出了造型轻盈的质感。

★★★

所用手法

① 打卷

② 下扣卷

造型重点

注意后发区下扣卷的饱满度及两侧的弧度，应与上方的打卷共同形成饱满的造型结构。

操作步骤

STEP 01 将刘海三七分，将刘海区头发内侧倒梳，梳光表面后用尖尾梳再次整理头发表面。

STEP 02 将顶发区头发固定牢固，两侧各留下一缕头发。将刘海一侧的头发穿过顶发区，留出的头发与另一侧的刘海连接到一起，用皮筋固定。

STEP 03 取一束固定后的头发缠绕在皮筋上，有效地遮挡。

STEP 04 继续取发片，将发片内侧倒梳后梳光表面，继续缠绕到发辫上。

STEP 05 将发片固定到皮筋上，记得要下暗卡，不要暴露发卡。

STEP 06 将顶发区的头发放下，内侧倒梳蓬松后整理表面，向下扣卷并固定。

STEP 07 将做成的圆弧形发包并固定，用手整理发包的结构。

STEP 08 将留出的头发编三股辫，辫子应紧实而光滑，不要过于松散。

STEP 09 将编好的发辫固定在左侧，用手调整。

STEP 10 另外一侧剩余的头发用同样的方式操作，注意辫子的松紧度。

STEP 11 将编好的辫子固定，调整辫子的弧度。

STEP 12 用暗卡将两股发辫连接到一起，卡子不要外露，以免影响造型的美感。

STEP 13 在固定好的发辫上佩戴蝴蝶结饰品，造型完成。

★★★☆

所用手法

① 下扣卷

② 三股辫编发

造型重点

两侧辫子在后发区的固定应呈现一定的收紧感觉，这样会使造型更具有层次感。

01

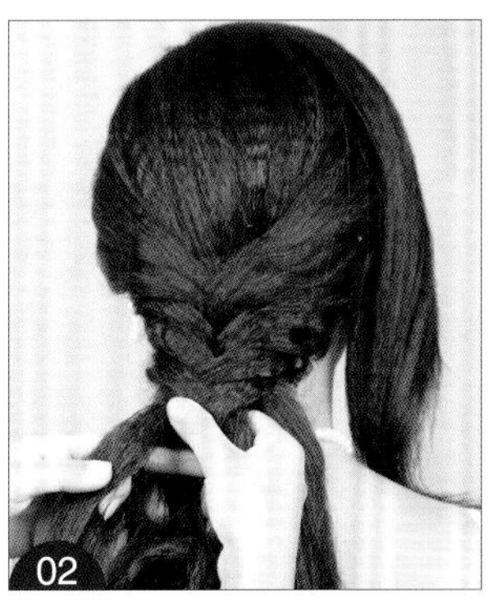
02

03

04

05

06

07

08

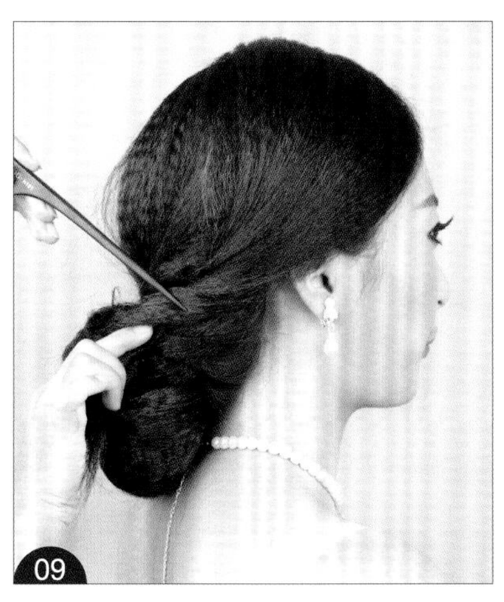
09

10

11

操作步骤

STEP 01 用玉米夹将头发卡蓬松，将两侧发区的头发以四股辫的方式编发。

STEP 02 继续编发，添加后发区头发，编发的时候要保持适当的松散。

STEP 03 将剩余的头发分成两份，分别用皮筋固定。

STEP 04 取出一片头发，倒梳内侧，梳光表面后打卷固定。

STEP 05 用暗卡将卷筒和发辫衔接，注意发卡不能暴露。

STEP 06 将剩余的头发内侧倒梳后，梳光表面，打卷并固定。

STEP 07 将卷筒固定，用手调整卷筒的立体感及弧形轮廓。

STEP 08 将侧发区头发内侧倒梳，梳光表面。

STEP 09 将侧发区头发的发尾向后扭转，并用梳子调整头发的弧形。

STEP 10 将扭转的头发固定，并用手调整头发的纹理。

STEP 11 在后发区和顶发区交界处佩戴饰品，进行点缀，造型完成。

难度系数

所用手法

① 四股辫编发

② 打卷

造型重点

后发区底端的两片头发一定要固定牢固，这样才能使之后的打卷造型根基牢固并有更强的层次感。

操作步骤

STEP 01 分出侧发区和后发区，将后发区头发用皮筋固定成马尾。

STEP 02 将马尾分片并倒梳，制造蓬松感。

STEP 03 将倒梳后的头发表面梳光，向上翻转并固定。

STEP 04 用手整理固定好的卷筒，将其调整成一个圆弧形发包。

STEP 05 将侧发区头发内侧倒梳后梳光表面，向后扭转。

STEP 06 将扭转后的头发固定，发尾甩出留用，用梳子调整固定头发的弧度。

STEP 07 将剩余的发尾向下扭转并打卷，和发包衔接到一起。

STEP 08 将另一侧发区采用同样的方式倒梳，梳光表面。

STEP 09 将侧发区头发向内扣卷并固定，用梳子调整固定头发的弧形。

STEP 10 将侧发区剩余的发尾继续扭转。

STEP 11 扭转后的头发固定在发包上，和发包形成衔接。

STEP 12 在顶发区和后发区交界处佩戴饰品，造型完成。

难度系数

所用手法

① 打卷

② 扎马尾

③ 下扣卷

造型重点

后发区的发包是发型的中心点，之后的造型要对发包起到修饰的作用。

操作步骤

STEP 01 在前额佩戴饰品，用发卡固定。

STEP 02 将侧发区头发内侧倒梳，向下内扣，包裹住饰品的边缘，用发卡固定。

STEP 03 另一侧发区用同样的方式操作。

STEP 04 继续将侧发区的头发向下扭转，固定在后发区的位置。

STEP 05 另外一侧以同样的方式操作。

STEP 06 用发卡对后发区头发横向固定。

STEP 07 将后发区头发内侧倒梳，向上提拉，扣转打卷，用发卡固定。

STEP 08 用手整理固定好的卷筒的立体感和弧形轮廓。

STEP 09 将剩余头发内侧倒梳后梳光表面，向下扣转，用发卡固定。

STEP 10 将扣转的卷筒用发卡固定好，再用发卡将卷筒和后发区头发衔接，使结构更紧凑。

STEP 11 在顶发区的位置佩戴珍珠饰品，造型完成。

★★★☆

打卷

造型重点

在造型的时候注意，蕾丝饰品两侧的头发要光滑干净且伏贴感强，必要的时候可以适当用尖尾梳蘸取啫喱膏来调整。

01

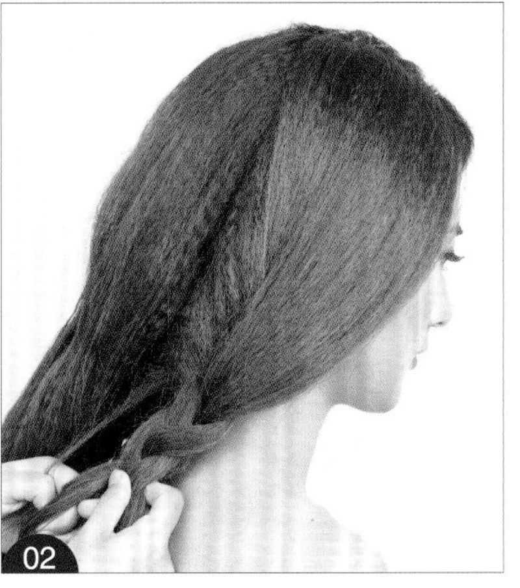
02

03

04

05

06

07

08

09

操作步骤

STEP 01 将刘海区和侧发区头发合并，以三股辫的形式编发。

STEP 02 将另外一侧发区头发以三股辫的形式编发。

STEP 03 将顶发区头发固定，将两股发辫交叉后固定，用手整理发辫的弧形轮廓。

STEP 04 顶发区头发分出两股，用皮筋固定成马尾，其中一股穿过另外一股，形成交叉的结构。

STEP 05 将马尾内侧倒梳，梳光表面后向下扣转，打卷并固定。

STEP 06 用手整理卷筒的立体感，并用发卡将卷筒和头发衔接。

STEP 07 将另一侧马尾内侧倒梳，梳光表面后扣转，打卷。

STEP 08 将卷筒固定，并用手整理卷筒的立体结构。

STEP 09 在后发区卷筒上方佩戴造型花，并用手整理花的轮廓，造型完成。

难度系数

所用手法

① 三股辫编发 ② 下扣卷

造型重点

后发区的下扣卷应呈流畅的U形。两个下扣卷之间不要有明显的分界线，可以适当用尖尾梳对其进行有效调整。

操作步骤

STEP 01 将侧发区头发内侧倒梳，梳光表面后向后扣转并固定。

STEP 02 将另一侧按照同样的方式操作，和第一片固定的头发衔接。

STEP 03 将刘海区头发内侧倒梳，梳光表面后向上翻卷。

STEP 04 将翻卷后的头发固定在后发区的位置，和上方固定的头发衔接。

STEP 05 继续翻卷刘海区剩余的发尾，固定在后发区左侧的位置。

STEP 06 取一片后发区剩余的头发，向上提拉，打卷并固定在左侧。

STEP 07 再取一片头发，打卷并固定在后发区右侧。

STEP 08 继续取发片并打卷，固定在后发区左侧，和上方固定的卷筒有层次地衔接。

STEP 09 继续打卷，固定在后发区的右侧，和上方的卷筒衔接。

STEP 10 将打卷的头发用手向内收紧，然后用暗卡将卷筒和上方的卷筒固定在一起，形成衔接。

STEP 11 将最后剩余的一片发片内侧倒梳，向上提拉，翻转并打卷。

STEP 12 将做好的卷筒固定，以手整理卷筒的立体感。

STEP 13 在后发区佩戴饰品。

STEP 14 用插珠点缀造型，使造型更具有层次感，造型完成。

难度系数

★★★☆

所用手法

① 打卷

② 上翻卷

造型重点

注意后发区造型打卷结构之间的衔接，要呈现穿插的层次感，不要形成彼此脱离的感觉，可用饰品点缀，增加这种衔接度。

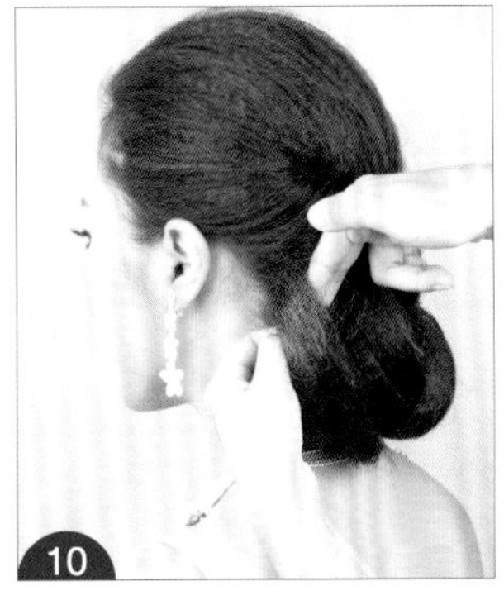

操作步骤

STEP 01 用玉米夹将所有头发烫蓬松，将侧发区头发内侧倒梳，向后扭转并固定。

STEP 02 另一侧发区的头发采取同样的方式处理。

STEP 03 继续将后发区的头发翻转，向上固定，和侧发区的头发衔接。

STEP 04 另外一侧以同样的方式操作。

STEP 05 将翻转后的头发固定，固定的时候需要注意和侧发区的头发衔接。

STEP 06 从后发区剩余头发中分出一部分，进行两股编发处理。

STEP 07 编至发尾，注意保持发辫的松散，用皮筋固定。

STEP 08 将编好的发辫向上扭转并固定，用手调整固定后发辫的蓬松度。

STEP 09 用暗卡将编好的发辫和上方固定的头发衔接到一起。

STEP 10 将剩余头发向上提拉，打卷并固定。

STEP 11 扭转后的发尾同样用发卡固定，用手整理卷筒的立体感。

STEP 12 在侧发区和刘海区交界处佩戴饰品，造型完成。

难度系数

★★☆

所用手法

① 两股辫编发

② 打卷

造型重点

后发区的辫子固定之后，后发区的造型结构是不够饱满的，之后的打卷造型可用来修饰后发区的饱满度。

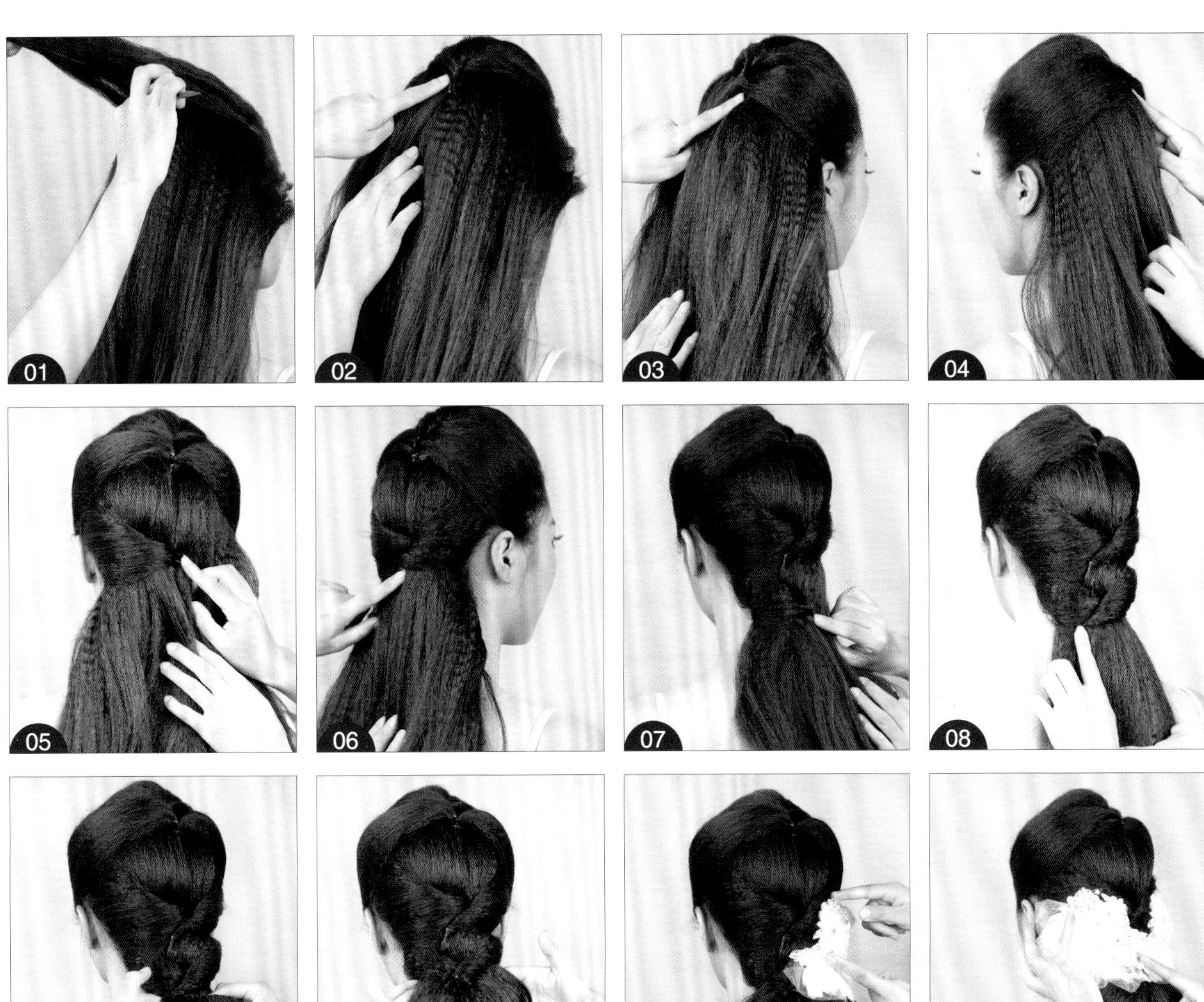

操作步骤

STEP 01 将刘海区头发向后提拉，并将内侧倒梳，制造蓬松感。
STEP 02 将倒梳后的头发扭转并固定，注意发卡不要外露。
STEP 03 将侧发区头发内侧倒梳后向上扭转并固定，和顶发区的头发衔接。
STEP 04 另一侧按照同样的方式处理。
STEP 05 将后发区头发内侧倒梳后扭转并固定，注意发卡不能外露。
STEP 06 将另一侧头发内侧倒梳后梳光表面，扭转并固定，和左边的头发衔接。
STEP 07 继续取发片，倒梳内侧后梳光表面，扭转并固定。
STEP 08 右侧的头发按照同样的方式扭转并固定，和左侧头发衔接。
STEP 09 将剩余头发内侧倒梳后梳光表面，向上翻转，打卷并固定。
STEP 10 将卷筒用发卡固定，用手整理卷筒的弧形和立体感。
STEP 11 在后发区卷筒上方的位置佩戴饰品，进行点缀。
STEP 12 在造型的左侧佩戴同样材质的饰品，继续点缀，造型完成。

难度系数

★★★

所用手法

① 打卷
② 倒梳

造型重点

注意后发区底端扭转的紧实光滑度，这个结构做好才能使之后的上翻打卷呈现出立体饱满的感觉。

01

02

03

04

05

06

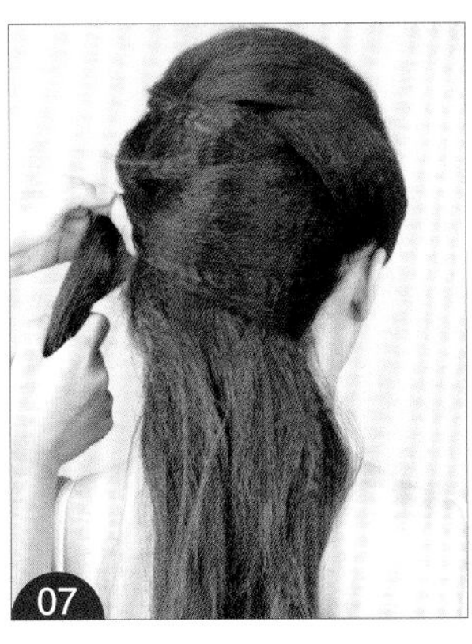
07

08

09

10

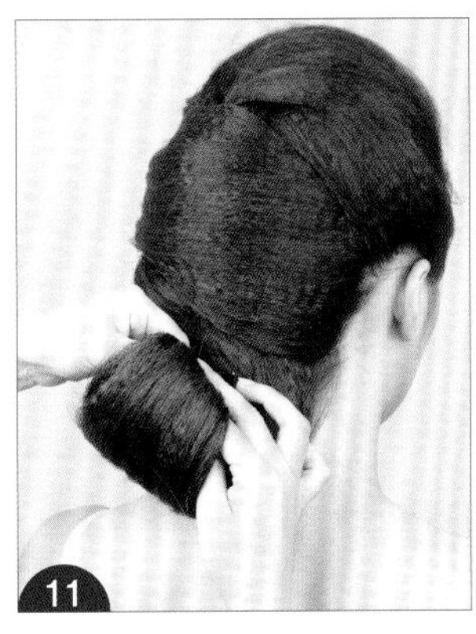
11

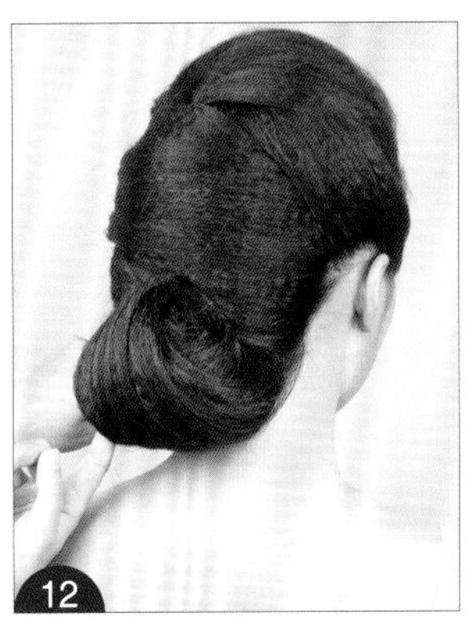
12

13

操作步骤

STEP 01 取顶发区一片发片，扭转一圈后向左侧固定，用梳子调整头发的纹理和层次。

STEP 02 取刘海区发片，同样扭转一圈后，用发卡固定。

STEP 03 将刘海区头发向后扭转并固定，和上方的头发衔接。

STEP 04 将后发区头发内侧倒梳后梳光表面，向上翻转，打卷并固定，和上方扭转的头发衔接。

STEP 05 将侧发区头发内侧倒梳后向上翻转并固定，发尾甩出留用。

STEP 06 将剩余的发尾继续打卷并固定，发卡不能外露。

STEP 07 将后发区头发内侧倒梳，向左侧提拉并扣转。

STEP 08 将扣转后的头发用发卡固定，发尾甩出留用，注意发卡不能外露。

STEP 09 将留用的发尾向内扭转打卷。

STEP 10 将卷筒扭转，下发卡固定。

STEP 11 将剩余的头发内侧倒梳，向上翻转打卷。

STEP 12 将卷筒用发卡固定，和上方的头发衔接，用手整理卷筒的立体感。

STEP 13 在侧发区和刘海区交界处佩戴饰品，造型完成。

难度系数

★★★☆

所用手法

① 打卷

② 上翻卷

造型重点

注意刘海及头顶发区域几个翻转角度的调整，最终应使其形成丰富的层次感。

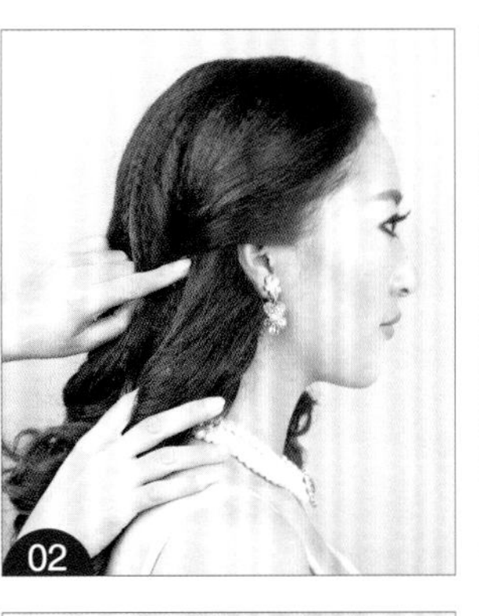

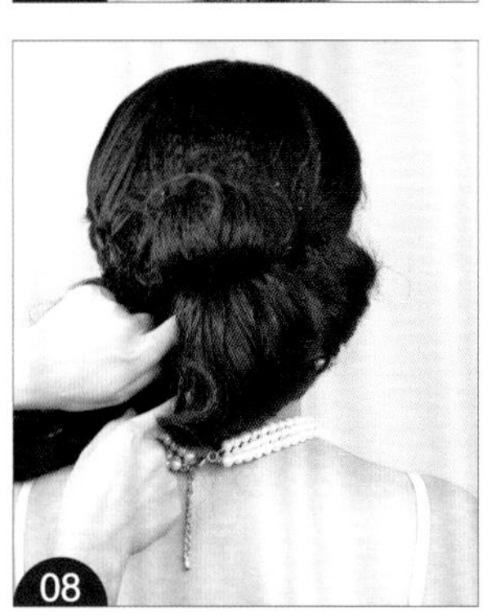

操作步骤

STEP 01 将侧发区头发内侧倒梳后梳光表面，向后发区扭转，用发卡固定。

STEP 02 另一侧按照同样的方式处理。

STEP 03 将顶发区头发内侧倒梳蓬松，用发卡固定。

STEP 04 将剩余的发尾扭转后固定，和侧发区的头发衔接。

STEP 05 将剩余的发尾倒梳，向上翻转，固定在顶发区，做基底。

STEP 06 将后发区剩余头发内侧倒梳，向上翻转并固定。

STEP 07 继续将后发区的头发内侧倒梳，向上翻转并固定，和第一个卷筒衔接，在结构上形成一个饱满的弧形轮廓。

STEP 08 将卷筒固定，和上方的头发衔接，用手调整卷筒的立体感和弧形。

STEP 09 剩余头发按照同样的方式处理。

STEP 10 用手整理头发表面的纹理和层次。

STEP 11 在后发区和顶发区交界处佩戴造型花。

STEP 12 用手调整造型花的位置，让饰品和造型融为一体，造型完成。

难度系数

所用手法

① 打卷

② 上翻卷

造型重点

在造型的时候，后发区底端的头发不要梳理得过于光滑，应呈现出一定的蓬松感和纹理感。这样可以使造型的感觉更加自然大气。

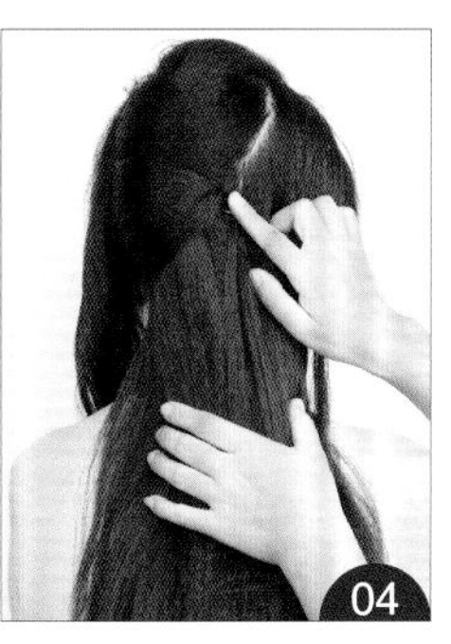

操作步骤

STEP 01 将头发分出侧发区、刘海区和后发区。将刘海区头发内侧倒梳后梳光表面，向顶发区扭转并固定。

STEP 02 将后发区左侧头发内侧倒梳，梳光表面，扣转并固定，包裹住刘海区固定的头发。

STEP 03 将后发区右侧头发内侧倒梳，梳光表面，向内侧扣转并固定，和第一片发片形成衔接。

STEP 04 继续取后发区发片，倒梳内侧后扣转，在结构上形成纵横交错的Z形。

STEP 05 取右侧发片，倒梳内侧后向内扣转并固定，和左侧的发片形成衔接。

STEP 06 将两侧发区的头发向后发区扭转并固定，用发卡将其连接到一起。

STEP 07 将剩余头发内侧倒梳，倒梳内侧后翻转打卷。

STEP 08 将后发区左侧头发以同样的方式处理。

STEP 09 将中间的发片内侧倒梳后梳光表面，向上翻转并固定。

STEP 10 将翻转后的发片固定，用手整理卷筒的弧形和立体感。

STEP 11 将最后剩余发片倒梳，梳光表面后向上翻转并固定。

STEP 12 将翻转后的头发固定，用手将固定的卷筒整理成发包的形状。

STEP 13 在后发区和顶发区交界处佩戴饰品。

STEP 14 在刘海区和侧发区交界处佩戴饰品，造型完成。

难度系数

★★★

所用手法

① 上翻卷
② 倒梳

造型重点

注意后发区两层上翻卷的结构，下面一层要窄于上面一层，这样才能让造型在后发区呈现向下收拢的感觉，使造型更具有层次感。

操作步骤

STEP 01 将刘海区的头发中分，将一侧刘海区的头发向上翻转，边翻转边用尖尾梳调整头发的层次。

STEP 02 将上翻后的头发扭转并固定，扭转时要注意是否形成圆润的弧形，用梳子调整头发的层次。

STEP 03 另一刘海区的头发采用同样的处理方式，向上翻转后向后扭转。用梳子调整头发的层次。

STEP 04 将扭转后的头发固定，发卡要下得牢固，并隐藏好。

STEP 05 将顶发区的头发暂时固定，将后发区的头发用四股辫的形式编发。

STEP 06 编至发尾，用皮筋固定，注意编发不要过于松散或过于紧凑。

STEP 07 将编好的头发在后发区的位置内收，固定牢固。

STEP 08 另一侧头发用同样的方式编发，注意保证发辫光滑干净。

STEP 09 将下方的头发用加发的方式全部添加进编发里。

STEP 10 将编好的发辫用皮筋固定。

STEP 11 将编好的头发向内扭转并固定，注意衔接，调整头发的轮廓。

STEP 12 将顶发区的头发内侧倒梳，制造蓬松感和饱满感。

STEP 13 将倒梳后的头发表面梳光，向下固定，注意发片表面的弧度。

STEP 14 整理固定好的头发，用发卡把发片与发片相互衔接。

STEP 15 在前额佩戴造型花，花朵摆放成一个花环形，造型完成。

难度系数

★★★☆

所用手法

① 上翻卷
② 下扣卷
③ 四股辫编发

造型重点

后发区将被顶发区扣卷的头发覆盖，后发区两侧辫子的纹理应显露在造型两侧，这样造型才具有层次感和纹理感。

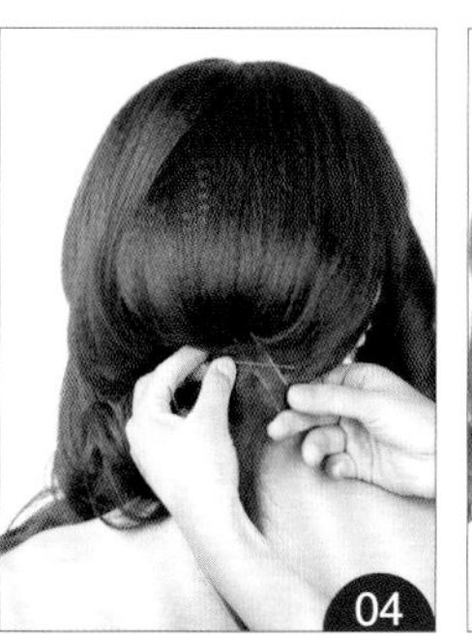

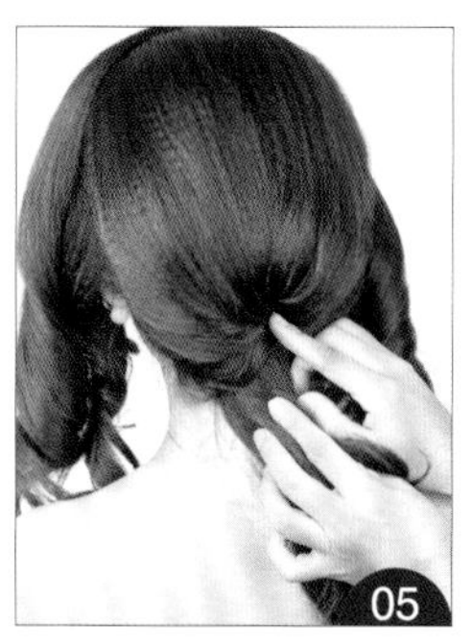

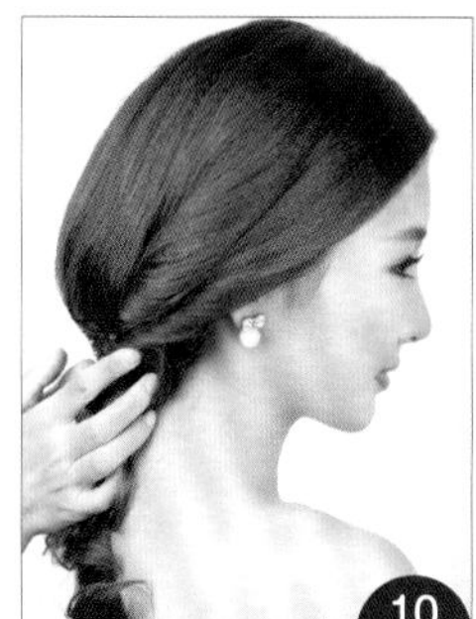

操作步骤

STEP 01 分出刘海区、侧发区和后发区。将后发区的头发分成三等份。取后发区的一份头发，倒梳内侧，制造蓬松感。

STEP 02 将倒梳后的头发表面梳理光滑，向下打卷。

STEP 03 固定发包，然后用手调整发包的结构和轮廓。

STEP 04 将后发区一侧剩余的头发内侧倒梳，将其和中间的发包衔接到一起。用手调整头发的轮廓。

STEP 05 将后发区另一侧剩余的头发内侧也倒梳，然后梳光表面，扭转固定，和中间的发包衔接到一起。

STEP 06 将左侧发区的头发倒梳，向后扭转并固定，和后发区的包发衔接到一起。

STEP 07 将刘海区的头发内侧倒梳，向内扭转并固定，接着继续扭转，向后和后发区的头发衔接。

STEP 08 右侧发区的头发采用同样的方式向内扭转并固定。

STEP 09 将刘海区的头发依然向内扭转，用手调整头发纹理的走向。

STEP 10 将调整后的刘海区头发固定并整理，同样和其他区域的头发衔接。

STEP 11 整理固定好的头发，并做适度的调整。

STEP 12 将剩余的发尾倒梳，向上翻起，做成发包状。

STEP 13 将拧转后的发包固定，用手对发丝的层次感进行整理。

STEP 14 在后发区佩戴饰品，使造型的结构更加饱满，造型完成。

难度系数

★★

所用手法

① 打卷

② 倒梳

造型重点

后发区底端的造型要具有一定的层次感，不要梳理得过于光滑，那样会让造型显得老气。

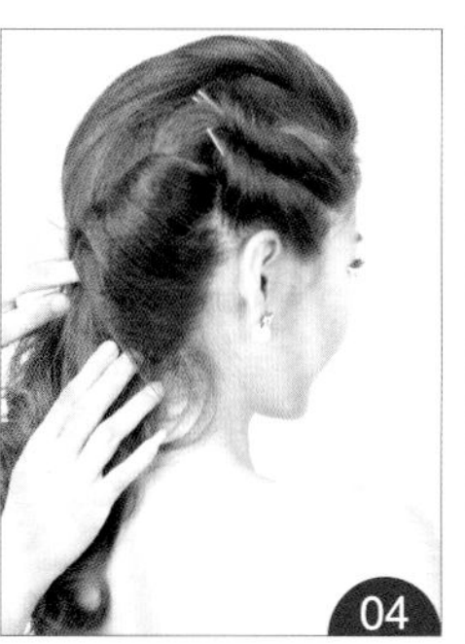

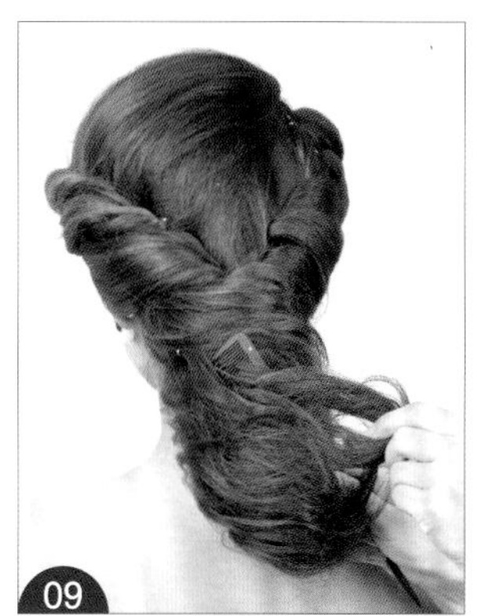

操作步骤

STEP 01 取侧发区的一束发片，扭转后固定，用尖尾梳调整层次。

STEP 02 将侧发区剩余的头发再次向上扭转，固定，和第一束发片形成衔接。

STEP 03 将后发区的头发内侧倒梳后翻转并固定，用尖尾梳调整固定后的头发。

STEP 04 将后发区一侧剩余的头发内侧倒梳，翻转并固定，调整头发的结构。

STEP 05 将刘海区的头发向上翻卷并固定，用尖尾梳调整头发的层次。

STEP 06 将刘海区剩余的头发继续扭转，向后固定于侧发区，用尖尾梳整理固定后的头发。

STEP 07 侧发区剩余的头发内侧进行倒梳，向上翻转后固定。用尖尾梳调整头发的结构。

STEP 08 用发卡将两侧固定好的头发衔接到一起，形成完整的结构。

STEP 09 将后发区剩余头发进行移动式倒梳，使头发更具有纹理感和层次感。

STEP 10 将倒梳后的头发表面梳光，固定。

STEP 11 用手整理固定好的发包，调整发包的结构。

STEP 12 在顶发区与后发区结构衔接处佩戴饰品，一定要固定牢固。

STEP 13 在发包的位置佩戴一款同样材质的饰品，加强造型的层次感。

★★★☆

① 上翻卷

② 移动式倒梳

造型重点

移动式倒梳的方式可以让头发走向更符合后发区造型结构的轮廓感。

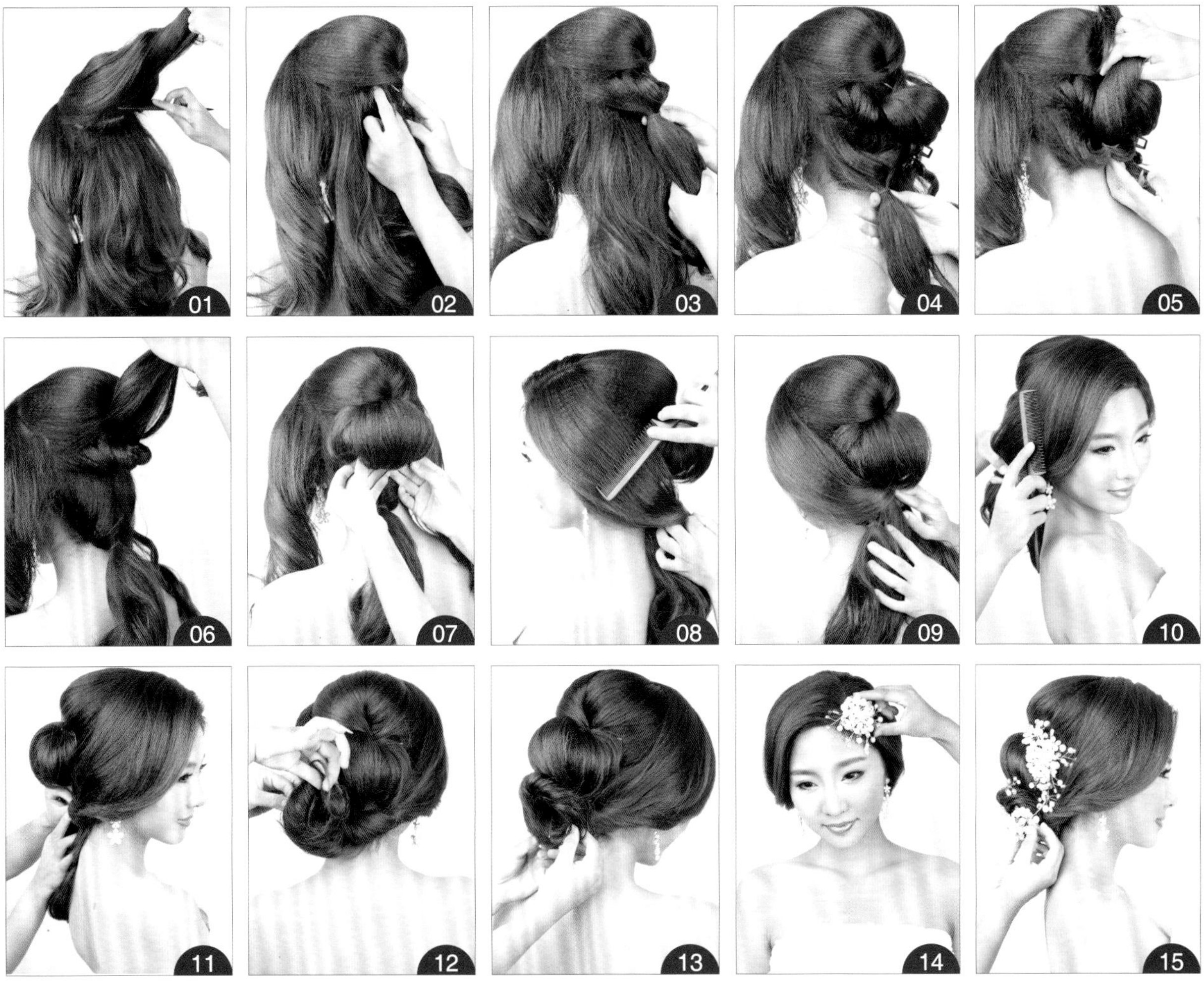

操作步骤

STEP 01 将顶发区头发向上提拉并倒梳内侧，制造蓬松感。

STEP 02 将倒梳后的头发表面梳光滑，扭转并固定。要固定牢固，不能松散。

STEP 03 将剩余的发尾用皮筋扎起来，翻转后暂时固定。

STEP 04 将后发区剩余头发同样用皮筋扎起来。

STEP 05 将扎好的头发向上提拉并翻转。

STEP 06 把之前暂时固定的头发放下，倒梳内侧后梳光表面。

STEP 07 向下扣卷并固定。

STEP 08 将侧发区的头发内侧倒梳，梳光表面后梳理成弧形。

STEP 09 将梳理好的头发扭转，和后发区的头发衔接固定。

STEP 10 将刘海区的头发倒梳，梳光表面后用梳子带出弧形。

STEP 11 同样将发尾扭转，固定在后发区，和之前固定的头发衔接。

STEP 12 最后将剩余的头发向上提拉，扭转并固定。

STEP 13 将固定好的头发整理出层次感。

STEP 14 在前额的位置用饰品点缀。

STEP 15 后发区同样用饰品点缀，造型完成。

★★★

所用手法

① 下扣卷

② 扎马尾

造型重点

刘海区及侧发区的头发要呈现自然的翻卷感觉，不能对其进行生硬的固定。必要的时候可以用电卷棒适当烫卷，使翻卷更加自然。

操作步骤

STEP 01 将头发分区，将顶发区的头发暂时固定，再将侧发区的头发以三带一的方式编发。

STEP 02 一直编发至后发区，对后发区的头发进行连接。

STEP 03 用皮筋固定发辫的发尾，再将发尾向内扣转。

STEP 04 将内扣的发尾固定，要固定牢固。

STEP 05 将左侧发区的头发以三带一的方式编发。

STEP 06 连接后发区的头发，注意发辫弧形的变化。

STEP 07 将编好的发辫收尾，然后用皮筋固定。

STEP 08 将固定好的发辫向上提拉并固定，和之前的发辫衔接。

STEP 09 将顶发区的头发分片，倒梳内侧后将表面梳光，将其放下，包裹住发辫。

STEP 10 将顶发区剩余的发尾编发收尾，用皮筋固定。

STEP 11 将编好的发尾藏进头发里，形成下扣卷的感觉。

STEP 12 在前发区佩戴饰品，进行点缀，造型完成。

难度系数

所用手法

① 三带一编发

② 下扣卷

造型重点

将下扣头发的发尾进行三股辫编发是为了使造型结构呈现更好的内收轮廓，使其更加饱满。

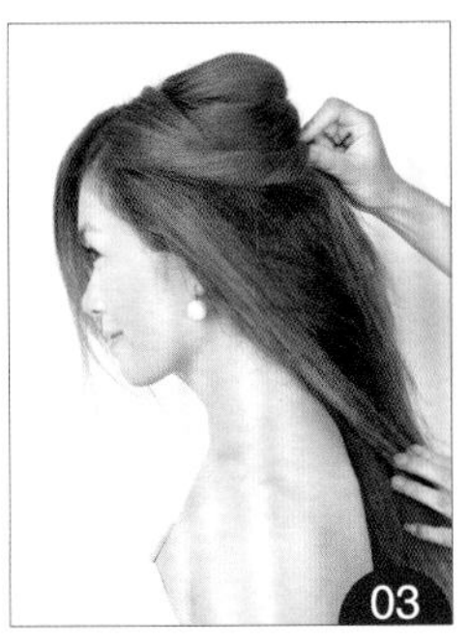

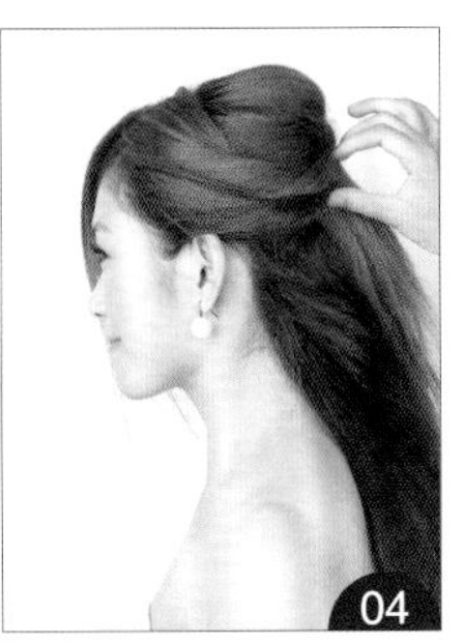

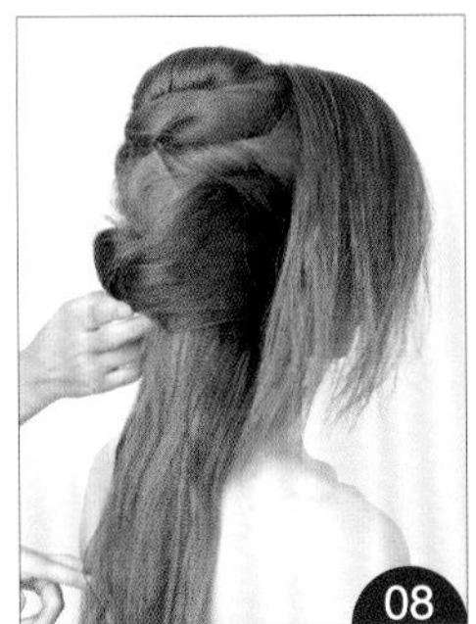

操作步骤

STEP 01 将顶发区头发内侧倒梳，梳光表面后向内扣转并固定。

STEP 02 取顶发区左侧头发，倒梳后向右扭转并固定，和上方的发包衔接。

STEP 03 将侧发区的头发向后扭转，固定在顶发区和后发区交界处，和上方的发包衔接。

STEP 04 将侧发区剩余头发同样向后扭转并固定。

STEP 05 将顶发区右侧的头发内侧倒梳后梳光表面，固定，和顶发区的发包衔接。

STEP 06 将侧发区的头发扭转后固定在发包下方，发尾甩出留用。

STEP 07 将侧发区剩余的发尾用三股辫编发的形式连接到一起。

STEP 08 取后发区两侧的头发，倒梳内侧，梳光表面后向内扣转并固定。

STEP 09 将剩余的发尾继续用三股辫的方式编发。

STEP 10 将编好的发辫环绕剩余头发一圈，下暗卡固定。

STEP 11 将剩余的头发向下扣卷并固定，用手整理发包的弧形轮廓。

STEP 12 将刘海区头发内侧倒梳，用梳子调整头发表面的层次和纹理。

STEP 13 在顶发区和后发区交界处佩戴造型花。

STEP 14 在后发区发包处同样佩戴造型花，填补结构的空白，使造型看起来更加饱满，造型完成。

★★★★

所用手法

① 三股辫编发

② 下扣卷

造型重点

此款造型完成后，瑕疵及空隙非常多，这些问题会使造型的结构不够饱满。为了解决这个问题，要用造型花对其修饰，使整体造型呈现饱满的感觉。

01

02

03

04

05

06

07

08

操作步骤

STEP 01 将刘海区及侧发区头发分片，倒梳内侧后梳光表面，向内侧扭转并固定。

STEP 02 将刘海区剩余头发同样倒梳内侧后梳光表面，扭转并固定。

STEP 03 将侧发区剩余头发倒梳后向上翻转并固定，和上方的头发衔接。

STEP 04 将后发区两侧头发分别向后扭转并固定，用发卡将两侧的头发固定到一起。

STEP 05 将后发区左侧头发内侧倒梳后向右侧扣转并固定。

STEP 06 将后发区右侧头发内侧倒梳后向左侧扣转并固定。

STEP 07 将剩余头发向右侧扭转并固定，用暗卡将固定的头发和上方的发包衔接。

STEP 08 在后发区左侧发包位置佩戴饰品，进行点缀，造型完成。

难度系数

★★☆

所用手法

① 上翻卷 ② 倒梳

造型重点

此款造型将各种角度的翻卷相互结合，增加造型的纹理感，注意各个翻卷的衔接，不要使造型出现脱节的感觉。

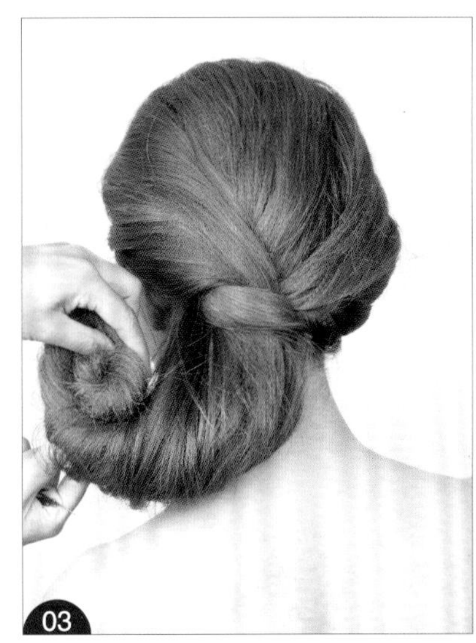

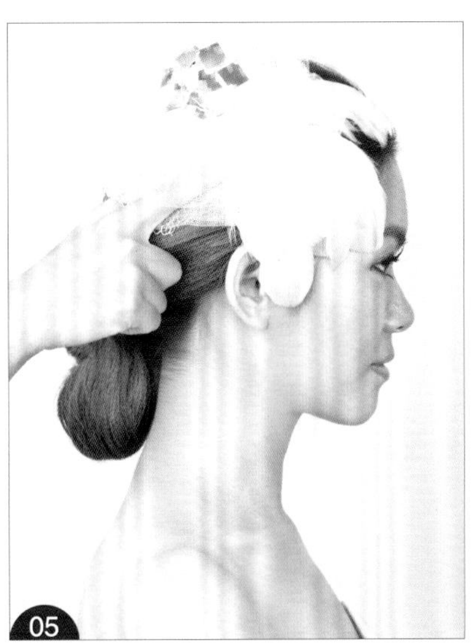

操作步骤

STEP 01　将刘海区及两侧发区的头发向后收拢，分别扭转后固定。

STEP 02　取后发区一片头发，扭转后固定在两侧发区交界处，有效地对发卡进行遮挡。

STEP 03　将剩余头发打卷，盘绕向造型的一侧，打卷时注意操作者身体的移动和发卷角度的变化。

STEP 04　将扭转后的头发固定，用手调整发尾的层次。

STEP 05　在侧发区位置佩戴饰品，进行点缀。

STEP 06　在后发区位置同样用饰品进行点缀，造型完成。

难度系数

★★

所用手法

打卷

造型重点

此款造型手法比较单一，重点是后发区的打卷，要盘绕成海螺般的层次感，这样才不至于使造型显得过于单调。

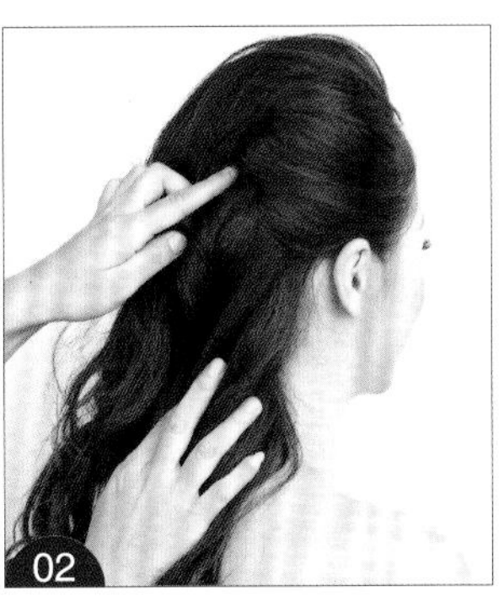

操作步骤

STEP 01　将所有头发烫卷，用尖尾梳对侧发区头发倒梳。

STEP 02　将倒梳后的头发向后发区扭转并固定，发卡不要外露。

STEP 03　将另一侧发区头发倒梳内侧，向后发区扭转并固定。

STEP 04　继续将后发区头发倒梳内侧，扣转并固定，和上方固定的头发衔接。

STEP 05　将后发区另一侧的头发倒梳，翻转并固定。

STEP 06　用暗卡将后发区两侧固定的头发衔接到一起。

STEP 07　将后发区剩余头发继续扭转并固定，用发卡将两侧固定的头发衔接到一起。

STEP 08　将剩余的头发倒梳，向上翻转并固定。

STEP 09　将倒梳后的头发固定好，用手整理头发的层次感和纹理感。

STEP 10　在顶发区和后发区交界处佩戴蝴蝶结饰品，进行点缀，造型完成。

难度系数

★★☆

所用手法

① 电卷棒烫发

② 倒梳

造型重点

注意后发区倒梳后的头发表面不要处理得过于光滑，在向上翻卷的时候要保留一定的空间感，使整体造型呈现更自然的感觉。

Hairstyle of Bride

韩式新娘编卷造型

01

02

03

04

05

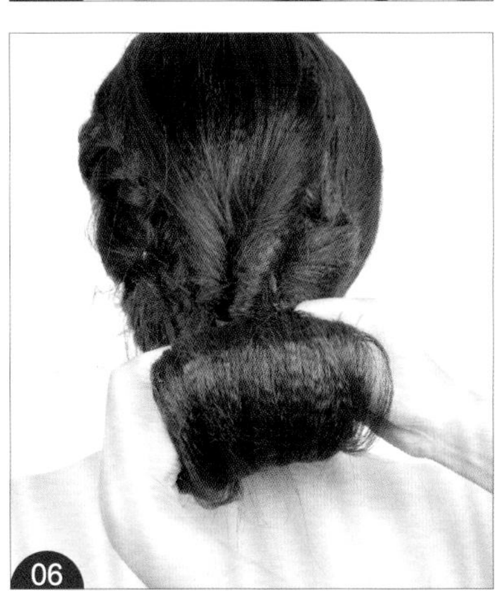
06

07

08

09

操作步骤

STEP 01 将所有头发用玉米夹夹蓬松，侧发区头发以三连编。

STEP 02 连接后发区头发，继续向下编发，注意要相对收紧。

STEP 03 将发辫收尾，用皮筋固定。

STEP 04 将编好的发辫合并后发区剩余的头发，向上扭转并固定，发尾藏进头发里。

STEP 05 将顶发区的头发用皮筋固定成马尾，再将马尾从皮筋里穿出来。

STEP 06 将剩余的头发内侧倒梳，向上翻转，打卷并固定。

STEP 07 将发包固定，用手调整发包的立体感和弧形结构。

STEP 08 在顶发区和后发区交界处佩戴蝴蝶结饰品，进行点缀。

STEP 09 在后发区发包的位置佩戴造型花，造型完成。

难度系数

★★☆

所用手法

① 三连编编发 ② 上翻卷

造型重点

在将后发区的头发向上翻卷之后，要对其轮廓做调整，使其呈现饱满自然的感觉。

操作步骤

STEP 01 分出刘海区、侧发区及后发区。将侧发区头发内侧倒梳，梳光表面，向后扭转并固定。

STEP 02 另一侧按照同样的方式处理，和左侧头发衔接。

STEP 03 将后发区剩余头发进行四股编发处理，编发时注意保持适当的松散度。

STEP 04 将编好的发辫收尾，用皮筋固定。

STEP 05 将后发区发辫下方的头发同样按照四股辫编发的方式收起。

STEP 06 将编好的发辫收尾，用皮筋固定。

STEP 07 将第一股发辫的发尾扭转，固定在第二股发辫上，发尾藏进头发里。

STEP 08 将第二股发辫的发尾同样向上扭转并固定，发尾藏进头发里。

STEP 09 将刘海区头发内侧倒梳后梳光表面，向后扭转并固定。

STEP 10 用梳子整理刘海区表面的头发，使造型更伏贴。

STEP 11 在刘海区和侧发区交界处佩戴蝴蝶结，进行点缀。

STEP 12 在后发区点缀更多的蝴蝶结，对造型进行修饰，造型完成。

难度系数

所用手法

① 四股辫编发

② 平刘海造型

造型重点

后发区底端应通过辫子的盘转固定出的饱满的轮廓感。可适当用手撕拉头发，增加饱满度。

操作步骤

STEP 01 用玉米夹将所有头发处理蓬松，将侧发区头发三连编。

STEP 02 连接后发区的头发，编至发尾，用皮筋固定，注意发辫要收紧。

STEP 03 将一侧刘海区头发以三带一的方式编发。

STEP 04 将刘海区的发辫收尾，用皮筋固定。

STEP 05 将刘海区的发辫向后扭转，固定在后发区的位置。

STEP 06 将后发区的头发以三股辫的形式编发。

STEP 07 将后发区剩余头发向左侧翻转并固定。

STEP 08 将另一侧发区的发辫同样向内扭转并固定，用发卡和后发区中央的发辫固定在一起。

STEP 09 将剩余的发尾内侧倒梳，梳光表面后向上翻转并固定，发尾甩出留用，用手整理发包的立体感和弧形。

STEP 10 剩余的头发继续向上翻转并固定，和一侧的发包衔接。

STEP 11 将之前发包剩余的发尾继续扭转打卷，用发卡将卷筒固定。

STEP 12 在后发区和顶发区交界处佩戴造型花。

STEP 13 在刘海区的位置用插珠点缀。

STEP 14 在后发区发辫的位置继续用插珠点缀。

STEP 15 在发包和卷筒衔接的位置也用插珠修饰，造型完成。

难度系数

所用手法

① 三带一编发

② 打卷

造型重点

三带一编发的刘海要处理得伏贴，后发区的打卷要呈现出立体的层次感。

操作步骤

STEP 01 将刘海区的头发以四股辫编发的形式收起，在编发的过程中注意松紧度，要编得相对松散，使造型更具层次感和纹理感。

STEP 02 继续向下连接侧发区的头发，编至后发区。

STEP 03 再以加发的形式连接后发区的头发，编向造型的另一侧。

STEP 04 继续添加右侧发区的头发，在编发的过程中，操作者要时刻保持身体的移动，以确保编发的弧度。

STEP 05 将编好的头发收尾，注意编发的松紧度，不能过松或过紧。

STEP 06 将编好的发辫用皮筋固定。

STEP 07 将固定后的发辫藏在后发区的头发里。

STEP 08 在后发区佩戴造型花，点缀造型。

STEP 09 将后发区剩余头发向上提拉，打卷，固定在造型花的上方。

STEP 10 在靠近颈部的位置继续佩戴造型花。

STEP 11 将剩余的头发继续向上提拉，扭转，固定在造型花的上方。

STEP 12 整理头发的层次，在结构上形成空间感。

STEP 13 在颈部的左侧继续用造型花点缀，增加造型结构的饱满度。

STEP 14 将剩余的一缕头发和造型花衔接。

STEP 15 调整造型的结构和饱满度，造型完成。

难度系数

★★★★

所用手法

① 四股辫编发

② 打卷

造型重点

注意后发区饰品之上的发卷要固定牢固，同时呈现出一定的空间感，使造型层次感更加丰富。最重要的是要用造型卷体现出后发区饱满的轮廓感。

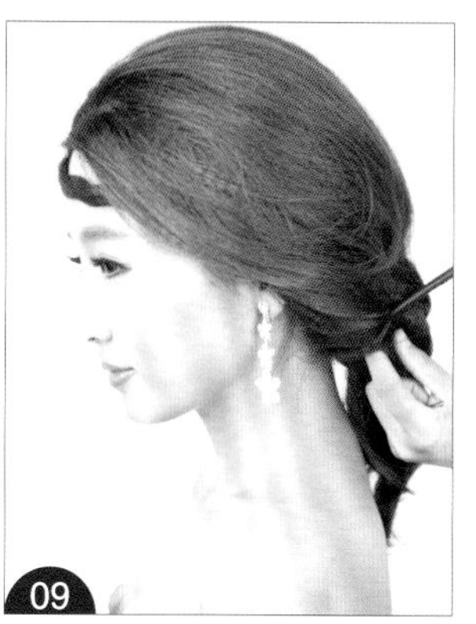
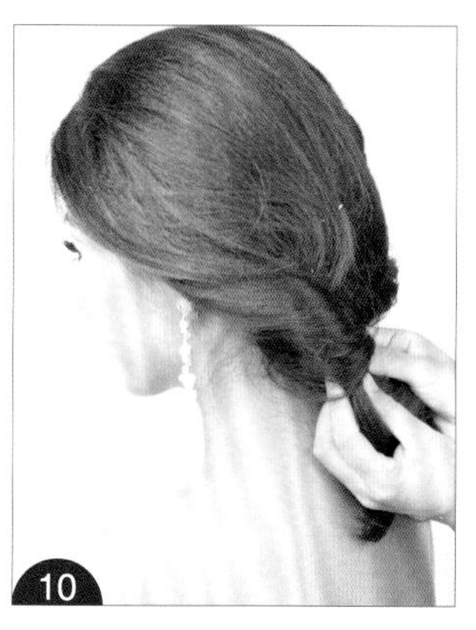

操作步骤

STEP 01 从一侧发区取一缕头发，编成三股辫，绕过额头，固定在另一侧发区。

STEP 02 将一侧刘海区的头发用皮筋固定，向后扭转，和顶发区的头发用皮筋固定在一起。

STEP 03 将侧发区头发扭转，和之前固定的头发再次连接，固定到一起。

STEP 04 将连接到一起的头发扭转后固定，做基座，形成支撑。

STEP 05 取侧发区的头发，倒梳后扭转并固定，覆盖基座的头发。

STEP 06 将后发区剩余的发尾进行三股辫编发。

STEP 07 将编好的头发固定，用手整理头发的层次。

STEP 08 将刘海区的头发倒梳，梳光表面，向后发区收拢。

STEP 09 将侧发区剩余的头发倒梳，扭转并向后固定。

STEP 10 对剩余的发尾再次扭转并固定。

STEP 11 将剩余发尾向上打卷，用手整理固定后的头发，使层次感更加明显。

STEP 12 在侧发区的位置佩戴造型饰品。

STEP 13 在后发区位置继续用插珠饰品点缀，造型完成。

难度系数

★★☆

所用手法

① 三股辫编发

② 打卷

造型重点

额头位置的三股辫编发要呈现一定的斜度，不要固定得过紧，松散一些会看上去更加自然。

操作步骤

STEP 01 分出刘海区、侧发区、顶发区和后发区。将侧发区头发梳理整齐，用皮筋扎成马尾，固定在造型的一侧。

STEP 02 将侧发区的部分头发内侧倒梳，然后向下扣转，包裹住后发区马尾皮筋固定的地方。这样可以起到遮挡作用，使造型看起来更加美观。

STEP 03 将侧发区剩余的头发向上翻卷，固定在后发区，调整发片的层次感。

STEP 04 另一侧发区的头发向上做连环卷，固定在后发区的位置，发尾留用。

STEP 05 将刘海区的头发倒梳，然后用梳子整理头发的表面。

STEP 06 将刘海区发尾的头发向上翻转，固定在后发区，用梳子调整结构的大小。

STEP 07 将固定后的发片和上方的发片用暗卡衔接，发卡不能暴露。

STEP 08 将固定后的发片向一侧翻转，打卷并固定。

STEP 09 将侧发区之前留出的头发进行三股辫编发处理。

STEP 10 将编好的发辫用皮筋固定，沿着卷筒环绕一圈，修饰后发区造型的外轮廓。

STEP 11 将后发区剩余的头发倒梳，向上提拉，发尾打卷，固定在后发区和顶发区结合的位置。用手整理卷筒的立体感。

STEP 12 在后发区和顶发区结合处佩戴饰品，造型完成。

所用手法

① 上翻卷

② 连环卷

③ 三股辫编发

造型重点

此款造型的重点是后发区的空间感和层次感，要用发卷及辫子不同的纹理感及自内而外的空间递进感来营造造型的结构。

操作步骤

STEP 01 分出侧发区、刘海区、顶发区和后发区。将顶发区的头发内侧倒梳，制造蓬松感。

STEP 02 将顶发区倒梳后的头发固定，将剩余的发尾内侧倒梳，向内扣转成发包。

STEP 03 将侧发区的头发内侧倒梳，梳光表面，向下扣卷，固定在后发区的位置。

STEP 04 将侧发区固定后剩余的头发再次扭转并固定。

STEP 05 将剩余的发梢打卷并固定，和上方的卷筒衔接，调整卷筒的立体感。

STEP 06 取另一侧发区的一片发片，向上提拉，翻转并固定在顶发区，和发包衔接。

STEP 07 将侧发区剩余的头发向内扭转，固定在后发区的位置。

STEP 08 将刘海区的头发内侧倒梳，向上翻卷并固定。

STEP 09 将剩余的发梢向上提拉，固定在发包的位置。

STEP 10 将扭转固定后的头发连接到一起，进行三股辫编发。

STEP 11 将剩余的后发区头发以鱼骨辫的方式收起。

STEP 12 将编好的鱼骨辫用皮筋固定，向上旋转成发包状，固定在造型一侧。

STEP 13 将剩余的三股辫固定在鱼骨辫的上方，修饰造型的外轮廓。

STEP 14 用暗卡将三股辫和鱼骨辫连接到一起，注意暗卡不要暴露，否则会影响造型的美观。

STEP 15 在顶发区的位置佩戴珍珠头饰，造型完成。

难度系数

★★★★☆

所用手法

① 编鱼骨辫

② 上翻卷

造型重点

注意每一个翻卷的弧度，不要处理得过于紧绷、生硬，否则会使造型层次感缺失且不饱满。

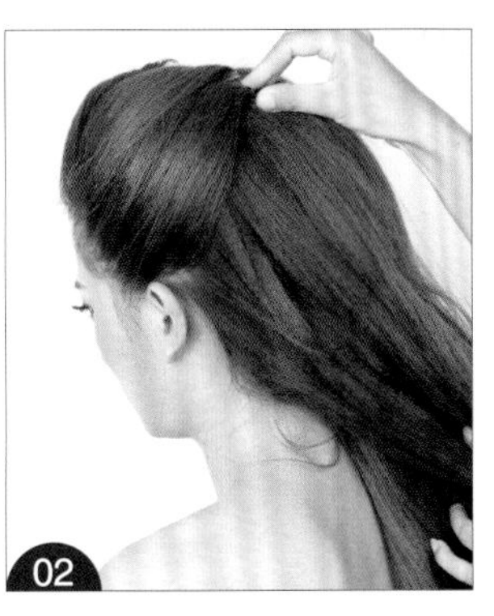

操作步骤

STEP 01 将刘海区的头发分片倒梳，向后翻卷并固定，注意两个发片间应保持足够的空间感。

STEP 02 将侧发区的头发内侧倒梳，向上提拉，扭转并固定。

STEP 03 将另一侧发区的发片内侧倒梳，向上翻转并固定。

STEP 04 将各个区域的头发固定后，将剩余的发尾和后发区的头发衔接。

STEP 05 将后发区一侧的头发以三带一的方式编发，注意不要过于松散。

STEP 06 另外一侧以同样的方式操作。

STEP 07 将编好的两侧的头发交叉，分别固定在顶发区的位置。

STEP 08 在后发区剩余的头发中分出一片，倒梳内侧后梳光表面，向内扣转，固定在后发区一侧的位置。

STEP 09 将另外一片头发同样倒梳后向上提拉，扭转成发包并固定在造型的另外一侧。

STEP 10 在顶发区的位置佩戴饰品。

STEP 11 在后发区发包上方的位置佩戴材质相同的饰品，造型完成。

★★★

所用手法

① 上翻卷

② 三带一编发

造型重点

注意刘海区及两侧发区的翻卷弧度，可以适当用尖尾梳调整，使其弧度饱满而立体。

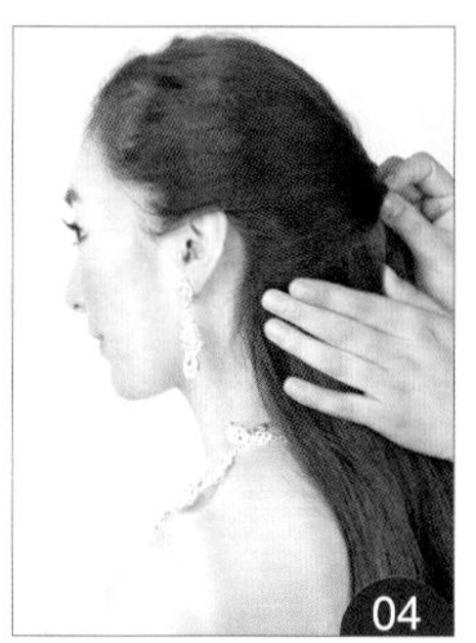

操作步骤

STEP 01 将头发分区，从刘海区以三带一的编发方式连接侧发区的头发。

STEP 02 继续向后发区编发，编发时注意角度的变化。

STEP 03 将编好的头发向一侧固定在后发区的左侧位置。

STEP 04 将一侧发区的头发内侧倒梳，向内扣转并固定。

STEP 05 在后发区剩余的头发中取一片，倒梳内侧后向造型一侧打卷，固定在后发区右侧。

STEP 06 将固定后的头发用一根暗卡和上方的发辫衔接，然后用手调整卷筒的立体感。

STEP 07 取一缕头发，编成三股辫，环绕卷筒一圈，强调卷筒的轮廓感。

STEP 08 再取一缕头发，向下扭转，打卷并固定。

STEP 09 将后发区剩余的头发进行三股辫编发处理。

STEP 10 将编好的发辫向一侧提拉，提拉角度的变化会带来不同的弧形轮廓。

STEP 11 将编好的发辫向上提拉并固定，和上方的卷筒衔接。

STEP 12 在刘海区佩戴蕾丝饰品。

STEP 13 在后发区插上插珠来点缀，造型完成。

★★★☆

所用手法

① 三带一编发

② 打卷

造型重点

后发区呈现出了旋涡的感觉，可通过辫子的纹理使其轮廓感更加优美。

操作步骤

STEP 01 将刘海区头发向一侧梳理，以三股辫的编发形式向后发区收起。

STEP 02 将编好的发辫向上提拉并固定在顶发区的位置。

STEP 03 将另一侧发区的头发向后提拉，进行三股辫编发处理，注意发辫不要过于松散。

STEP 04 将编好的发辫扭转并固定，固定时发卡不要外露。

STEP 05 取后发区的一片头发倒梳，梳光表面后覆盖之前的发辫，发尾留用。

STEP 06 将剩余的发尾扭转，打卷，固定在顶发区和后发区交界处，用手调整卷筒的立体感。

STEP 07 取后发区右侧的发片，倒梳内侧后梳光表面，向上翻转，打卷并固定，和上方的卷筒衔接。

STEP 08 另一侧以同样的方式操作，将内侧倒梳后梳光表面，向上翻转并固定。

STEP 09 用暗卡将两个卷筒衔接到一起，用手调整结构的大小。

STEP 10 在后发区卷筒位置用饰品点缀。

STEP 11 继续将饰品点缀在后发区每个卷筒的衔接处，造型完成。

难度系数

★★☆

所用手法

① 三股辫编发

② 打卷

造型重点

后发区的两个发卷能够使造型的轮廓更加饱满。两个发卷要衔接好，不要出现空隙或有凹凸不平的感觉。

操作步骤

STEP 01 将刘海区头发内侧倒梳后向后固定，再将两侧发区的头发内侧倒梳，梳光表面后向内扣转并固定，发尾甩出留用，注意两侧的衔接。

STEP 02 将两侧发区留出的发尾向上打卷，固定在侧发区和顶发区交界处。

STEP 03 另一侧以同样的方式操作。

STEP 04 将后发区下方的头发内侧倒梳，梳光表面，向内扣转，打卷并固定，用手调整卷筒的立体感。

STEP 05 取后发区发片，倒梳后向上提拉，翻转，打卷并固定，和之前的卷筒衔接。

STEP 06 取后发区中央的一束头发，用皮筋固定。

STEP 07 将固定后的头发内侧倒梳，向下扣转，固定成发包状，然后用手调整发包结构的大小。

STEP 08 取发包下方的头发，向上提拉，扭转，打卷并固定在发包上方的位置。

STEP 09 将后发区剩余头发编发，将编好的发辫向上提拉，固定在顶发区。

STEP 10 将后发区剩余的头发进行鱼骨辫编发处理。

STEP 11 将编好的发辫扭转后固定，和上方的造型结构衔接。

STEP 12 在前发区用纱网修饰。

STEP 13 将固定的网纱用手整理出蝴蝶结的形状。

STEP 14 在整理好的网纱上点缀蝴蝶结饰品。

STEP 15 在后发区卷筒的结合处再次点缀蝴蝶结，造型完成。

难度系数

★★☆

所用手法

① 打卷

② 鱼骨辫编发

造型重点

后发区用辫子在造型结构上打卷，增加其层次感。为了使造型更协调，可将后发区剩余头发编鱼骨辫之后再固定。

操作步骤

STEP 01　将后发区头发分成三份，分别用皮筋固定成马尾，再依次将头发从皮筋里穿过来。

STEP 02　将侧发区头发以三带一的方式编发，向后发区连接。

STEP 03　将编好的发辫用皮筋固定在顶发区的位置。

STEP 04　将固定的第一股和第二股马尾以三带一的方式编发。

STEP 05　持续编至发尾，用皮筋固定。

STEP 06　将固定好的发辫环绕一圈，固定在马尾的左侧位置。

STEP 07　将侧发区头发和马尾交叉固定。

STEP 08　用手整理固定后的头发，用暗卡将固定后的头发和发辫衔接得更牢固。

STEP 09　将剩余的头发分片向上提拉，打卷并固定，用手整理卷筒的立体感。

STEP 10　将最后一缕头发扭转，打卷并固定，用手再次调整卷筒的立体感。

STEP 11　在后发区佩戴饰品。

STEP 12　在顶发区同样以一个蝴蝶结来点缀。

STEP 13　在后发区的发辫上用更多的蝴蝶结来点缀，造型完成。

难度系数

★★★

所用手法

① 三带一编发

② 扎马尾

③ 打卷

造型重点

后发区底端的剩余头发是分多片打卷形成的造型轮廓，这样做的目的是使造型的层次感更加丰富。

操作步骤

STEP 01 将刘海区头发以两股辫的形式编发。

STEP 02 将编好的头发用发卡固定，取一束发片覆盖发卡固定的地方。

STEP 03 将发片扭转，用暗卡固定，发尾甩出留用。

STEP 04 在顶发区取发片，以三带一的形式横向编发。

STEP 05 从造型的右侧编向造型的左侧。

STEP 06 编发时添加侧发区的头发，向后发区收拢。

STEP 07 继续添加顶发区的头发，同时要保持着角度的变化。

STEP 08 将发辫旋转成一个弧形，向造型的右侧收拢。

STEP 09 将后发区右侧的头发加入发辫里。

STEP 10 将发辫旋转一圈，向左侧收尾。

STEP 11 将编好的发辫用皮筋固定，扭转后固定在后发区左侧位置。

STEP 12 将剩余头发内侧倒梳。

STEP 13 将倒梳后的头发表面梳光，向上翻转打卷。

STEP 14 将打好的卷固定，和上方的发辫衔接，用手整理卷筒的立体感。

STEP 15 在造型的一侧佩戴造型花，在另一侧同样佩戴造型花，造型完成。

难度系数

★★★☆

所用手法

① 三带一编发

② 打卷

造型重点

注意最后一片头发打卷的角度，它的造型结构可使后发区的轮廓更加饱满。造型花点缀了右侧发区凹陷的位置，左侧造型花的点缀与其形成了呼应效果。

操作步骤

STEP 01 将顶发区头发以三带一的方式编发。

STEP 02 将另外一侧按照同样的方式操作，并且将两股编好的发辫用皮筋固定，固定后的发辫形成交叉的轮廓，将交叉后的发辫用发卡固定。

STEP 03 将侧发区的头发以三带一的方式编发，在编发时保持适当的松散度。

STEP 04 将编好的发辫环绕一圈后固定在右侧。

STEP 05 继续取侧发区的头发，以三带一的方式编发。

STEP 06 将编好的发辫同样固定在造型的一侧，用暗卡将两股发辫衔接到一起。

STEP 07 顶发区右侧的头发以同样的方式操作。

STEP 08 将编好的发辫向造型的一侧收尾。

STEP 09 将刘海区头发以三带一的编发方式连接侧发区头发，向后发区收拢。

STEP 10 编至发尾，用皮筋固定。将编好的发辫向内扭转一圈后固定在造型的一侧。

STEP 11 将剩余的头发分成三份，将其中一份内侧倒梳，梳光表面后向上翻转，打卷并固定。

STEP 12 左侧头发同样倒梳内侧，梳光表面后向上翻转固定。

STEP 13 继续取发片，扭转，打卷并固定。用手整理固定好的卷筒，调节其立体感。

STEP 14 固定卷筒，下暗卡将卷筒与卷筒衔接，用手调整卷筒的结构。

STEP 15 在顶发区佩戴皇冠，在后发区用同样材质的饰品点缀，造型完成。

难度系数

★★★★☆

所用手法

① 三带一编发

② 打卷

造型重点

打造此款造型应注意，辫子之间的叠加要自然，后发区发卷的叠加要呈现饱满的轮廓感。可适当用手对其拉伸，增加饱满度。

操作步骤

STEP 01 将侧发区头发向后以三带一的形式编发。

STEP 02 编至发尾，注意编发时应保持适当的松散，最后用皮筋固定。

STEP 03 将编好的发辫向上扭转并固定，注意发卡不要外露。

STEP 04 将另一侧发区头发内侧倒梳，向后扭转并固定，用梳子调整发包的结构。

STEP 05 将刘海区头发向后扭转并固定，用尖尾梳调整头发的层次和纹理。

STEP 06 用手整理后发区剩余头发的层次。

STEP 07 继续用尖尾梳调整剩余头发的纹理。

STEP 08 在后发区和顶发区交界处佩戴蝴蝶结饰品，进行点缀。

STEP 09 在后发区点缀更多稍小的蝴蝶结，造型完成。

难度系数

★★☆

所用手法

① 三带一编发 ② 倒梳

造型重点

打造此款造型时，后发区的层次和纹理要自然，不要梳理得过于光滑，这样可以使造型更加柔美。

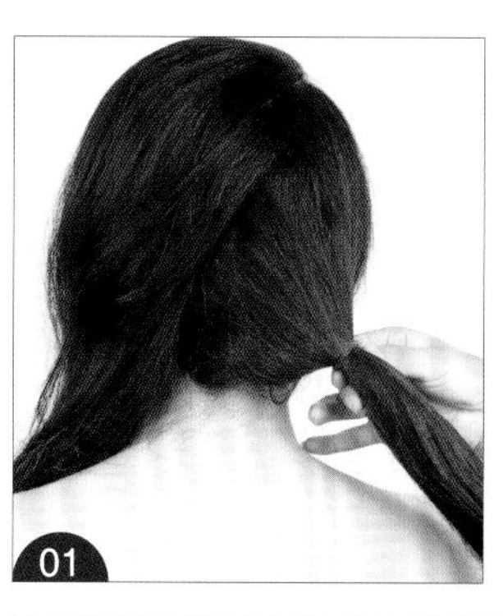
01

02

03

04

05

06

07

08

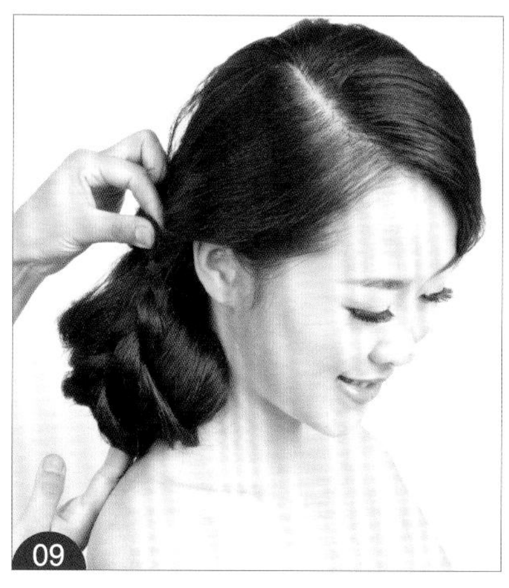
09

10

操作步骤

STEP 01 分出刘海区和后发区，后发区头发用皮筋固定成马尾。

STEP 02 将马尾从皮筋内侧穿出，形成扭转的结构。

STEP 03 将刘海区头发内侧倒梳，向后发区翻转并固定，用尖尾梳调整头发表面的纹理和层次。

STEP 04 将刘海区剩余发尾继续扭转，固定在造型的一侧。

STEP 05 将后发区剩余头发分成两份，取其中一份，倒梳内侧后梳光表面，向上翻转，打卷并固定。

STEP 06 将卷筒固定，用手整理卷筒的形状。

STEP 07 剩余头发以三股辫的形式编发。

STEP 08 将编好的发辫用皮筋固定。

STEP 09 将发辫向上提拉，环绕卷筒一圈后固定，用手整理发辫的弧形。

STEP 10 在发辫和卷筒衔接的地方佩戴造型花，造型完成。

难度系数

★★☆

所用手法

① 三股辫编发
② 扎马尾
③ 打卷

造型重点

刘海区的翻转弧度要自然柔和，不要过于生硬。后发区的卷筒也要自然，这样整体造型才会比较协调。

操作步骤

STEP 01 用玉米夹将头发卡蓬松，将刘海区头发向顶发区梳理，固定成马尾。

STEP 02 将马尾向内侧翻转，从皮筋的内侧穿过来。

STEP 03 将马尾暂时固定，再将侧发区的头发以三带二的形式向后发区编发。

STEP 04 将发辫编至发尾，编发时发辫要保持紧实，最后用皮筋固定发尾。

STEP 05 将另一侧发区头发按照同样的方式编发。

STEP 06 继续将后发区头发添加进发辫中，编至发尾，用皮筋固定。

STEP 07 将编好的发辫向上提拉，扭转并固定在后发区和顶发区交界的位置。

STEP 08 将顶发区暂时固定的马尾放下，取一片发片，扭转，打卷并固定。

STEP 09 将第二片发片扭转，打卷并固定，和第一片打卷的头发衔接。

STEP 10 将剩余的头发向内扣转，打卷并固定，和第二个卷筒衔接。

STEP 11 将侧发区的发辫向上提拉，旋转一圈后固定在造型的另一侧。

STEP 12 将发辫固定好，发尾藏进头发里。

STEP 13 将剩余的头发进行三股辫编发处理，编发的时候保持适当的松散度。编至发尾，用皮筋固定。

STEP 14 将编好的发辫向上扭转后固定，和上方的发辫形成衔接，用手调整发辫的立体感。

STEP 15 在侧发区和刘海区交界处佩戴饰品，进行点缀，造型完成。

★★☆

所用手法

① 三带二编发

② 打卷

造型重点

此款造型中，辫子可以编得紧实一些，用来修饰后发区的发卷，突出打卷的主题性。

操作步骤

STEP 01 将侧发区头发内侧倒梳，梳光表面后向上翻转并固定，发尾甩出留用。

STEP 02 将侧发区剩余头发内侧倒梳，继续向上翻转并固定，发尾同样甩出。

STEP 03 将刘海区头发扭转并固定，用梳子调整头发的层次感。

STEP 04 将侧发区头发向上翻转固定，和刘海区头发衔接。

STEP 05 将侧发区甩出的发尾合并后发区的头发，三带一编发。

STEP 06 编至发尾，注意编发时要保持发辫的紧实，最后用皮筋固定。

STEP 07 将另一侧按照同样的方式处理。

STEP 08 同样编至发尾，用手调整发辫的松紧度，最后用皮筋固定。

STEP 09 将顶发区的头发扭转，打卷并固定，用手调整卷筒的立体感。

STEP 10 继续打卷并固定，和上方的卷筒形成衔接。

STEP 11 将剩余的头发继续打卷，用手调整卷筒的立体感。

STEP 12 将后发区右侧的发辫向上提拉并固定，与卷筒衔接。

STEP 13 另一侧发辫向相反的方向提拉并固定，把发尾藏进头发里。

STEP 14 在顶发区和后发区交界处佩戴饰品。

STEP 15 在发辫的边缘用插珠点缀，造型完成。

难度系数

★★★☆

所用手法

① 三带一编发

② 打卷

造型重点

可用发卷适当遮挡后发区的蕾丝饰品，这样饰品与造型之间的层次感更强。

操作步骤

STEP 01 将两个侧发区和后发区的头发分别倒梳，将一侧发区和后发区合并，再将头发表面梳光，用两根皮筋固定成两个马尾。

STEP 02 将合并的两股马尾以四股编发的形式连接到一起。

STEP 03 继续将两侧的头发添加进发辫中。

STEP 04 继续添加头发，靠下时可以适当编得紧一些。

STEP 05 编至发尾，发辫应保持适当的紧实度。

STEP 06 将编好的发辫用皮筋固定。

STEP 07 将发辫向内绕一圈，然后从两皮筋交界处穿过来。

STEP 08 用手整理穿出来的发辫。

STEP 09 将发辫向造型的一侧扭转并固定，用手调整发辫的立体感和弧形。

STEP 10 在后发区皮筋固定的地方佩戴造型花，造型完成。

★★☆

① 四股辫编发

② 扎马尾

造型重点

此款造型把头发分成两根马尾，再将其结合在一起编发，这样可以增加头发的层次感和体积感，使后发区的轮廓更加饱满。

Hairstyle of Bride

韩式新娘层次卷造型

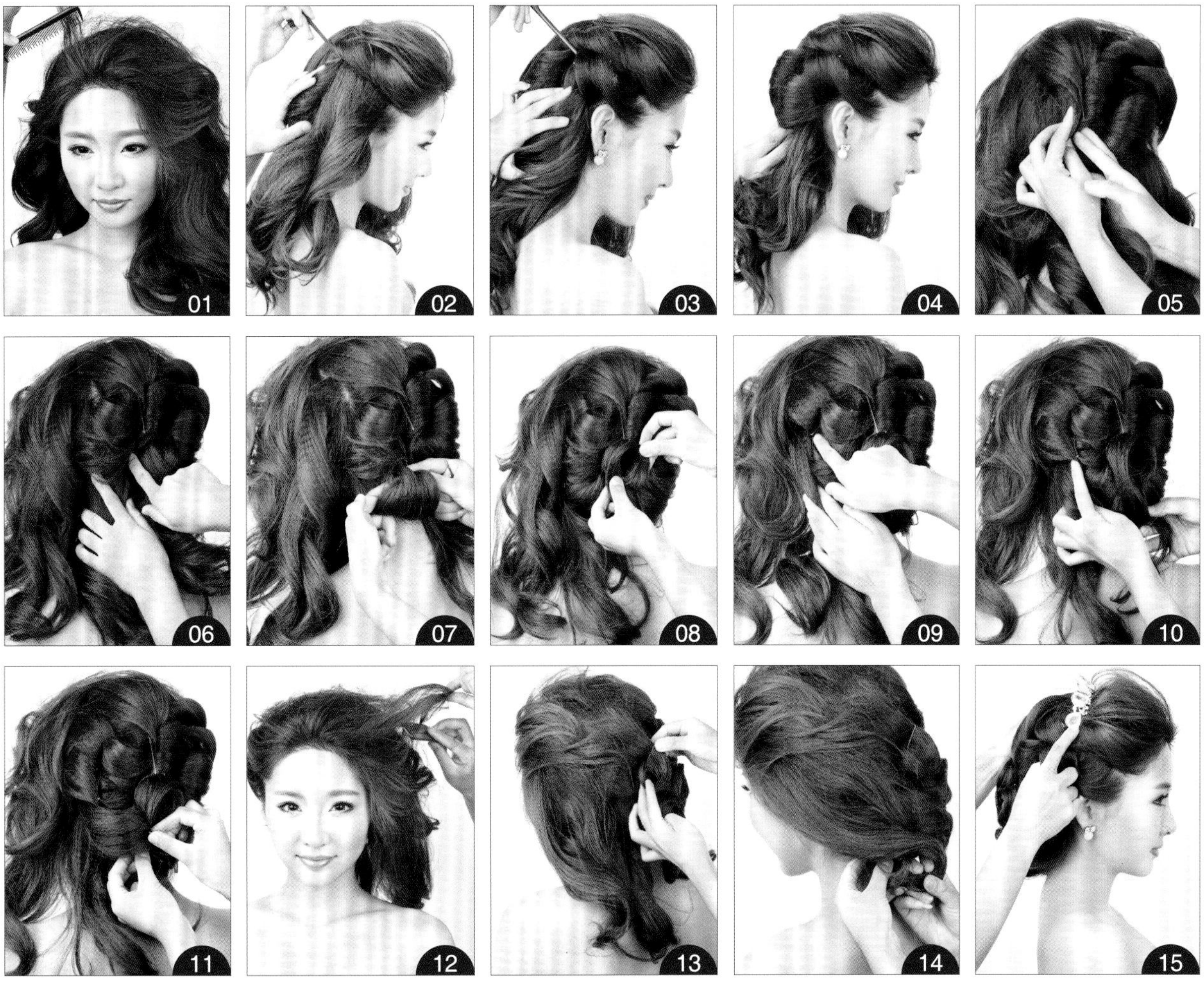

操作步骤

STEP 01 将头发烫卷后，将刘海区的头发向上提拉并倒梳。

STEP 02 将一侧发区的头发扭转并固定，用尖尾梳调整头发的结构。

STEP 03 将侧发区的剩余头发内侧倒梳后向上提拉，扭转并固定。

STEP 04 将侧发区的剩余发尾倒梳，连环打卷并固定。

STEP 05 将顶发区的头发倒梳后扭转，和一侧的卷筒衔接固定。

STEP 06 将剩余的发尾继续打卷并固定。

STEP 07 将后发区剩余的头发向上提拉，翻转后固定。

STEP 08 将后发区一侧剩余的头发向上提拉，打卷并固定，和侧发区的卷筒衔接。

STEP 09 将侧发区的头发倒梳后扭转，打卷并固定，注意卷筒的光滑干净度。

STEP 10 将卷筒剩余的头发继续扭转并固定，和上面的卷筒形成衔接。

STEP 11 将剩余的发尾倒梳，扭转并固定，注意和其他卷筒的衔接。

STEP 12 将一侧刘海区的头发向上提拉并倒梳。

STEP 13 将倒梳后的头发向后发区打卷并固定，注意保留顶发区头发的蓬松度和饱满度。

STEP 14 将侧发区剩余的头发在后发区收尾，发尾打卷后固定。调整固定的角度，发卡要固定要得牢固。

STEP 15 在顶发区佩戴皇冠，造型完成。

难度系数

所用手法

① 打卷

② 倒梳

③ 连环卷

造型重点

注意刘海区的造型，用尖尾梳将其倒梳并调整出层次感，要呈现出自然的空隙，不要过于凌乱。

操作步骤

STEP 01 分出侧发区、顶发区和后发区。将顶发区的头发分片倒梳内侧，梳光表面，扭转并固定。

STEP 02 将后发区的部分头发倒梳后向上翻转并固定，和顶发区的发包衔接。

STEP 03 将后发区剩余头发向上提拉发尾，打卷后固定在后发区，和发包衔接。

STEP 04 将侧发区的头发用两股编发的方式向后发区扭转。

STEP 05 将扭转后的头发固定，用手对固定的头发适当地调节。

STEP 06 刘海区的头发也采用两股编发的方式向后发区扭转并固定。

STEP 07 将刘海区剩余的发尾扭转并固定，用手调整头发的纹理感。

STEP 08 另一侧发区同样以两股辫的编发方式向后发区连接固定，发尾甩出留用。

STEP 09 将编好的两股辫向上翻转，固定成发包状，然后用手整理发包的立体感。

STEP 10 将剩余的发尾扭转，打卷，向上提拉并固定，用手调整卷筒的立体结构。

STEP 11 在后发区和顶发区结合处佩戴皇冠饰品，造型完成。

★★★★

① 两股辫编发

② 打卷

造型重点

打造此款造型时应注意后发区轮廓的饱满度，侧发区的发尾打卷之后要与之前的发卷衔接好。

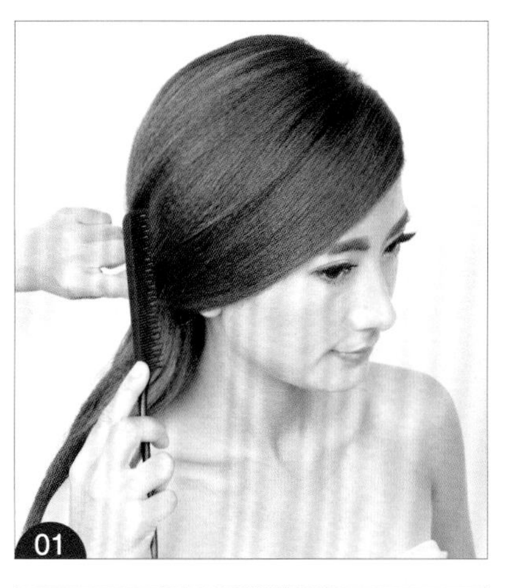

操作步骤

STEP 01 将刘海区二八分，将右侧头发倒梳并梳光表面，扭转后固定。

STEP 02 将两侧扭转后固定的头发用暗卡衔接到一起，注意发卡不能外露。

STEP 03 取后发区的一片头发，倒梳内侧，向上提拉，翻转后打卷并固定。

STEP 04 将后发区右侧的发片倒梳，向内翻转，打卷并固定，和之前的卷筒衔接。

STEP 05 将后发区右侧的头发同样倒梳，向内翻转，打卷并固定，和上面的卷筒形成空间感。

STEP 06 继续用剩余的头发分片打卷，卷筒与卷筒要衔接并具有空间感。

STEP 07 将最后一片头发向上翻转，打卷，和上方的卷筒衔接。

STEP 08 在顶发区和后发区衔接处用造型花点缀。

STEP 09 在卷筒的连接处也用造型花点缀，使造型看起来更加饱满，造型完成。

难度系数

★★★★☆

所用手法

① 打卷 ② 上翻卷

造型重点

注意后发区发卷的衔接度，应形成饱满的轮廓感。每一个发卷都要固定牢固，否者很难形成整体感。

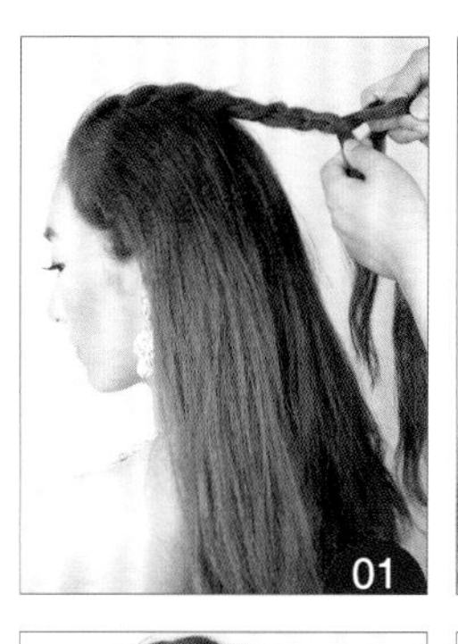
01

02

03

04

05

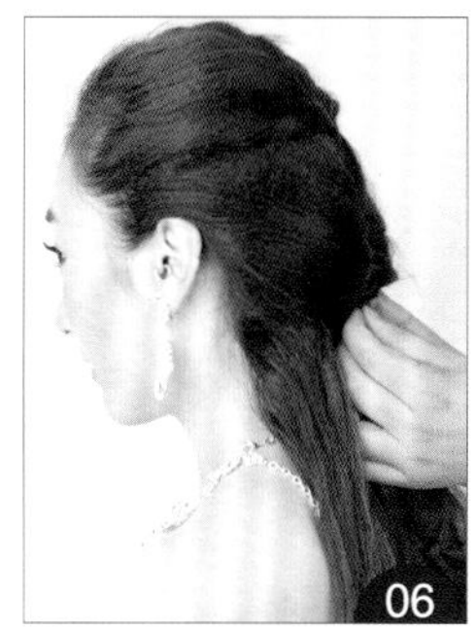
06

07

08

09

10

11

12

13

14

操作步骤

STEP 01 将刘海区头发向后提拉，用三股辫的方式编发。

STEP 02 将编好的发辫用皮筋固定，将刘海区两侧的头发倒梳，扭转并固定，和发辫衔接。

STEP 03 继续从侧发区分出发片，倒梳内侧，向上提拉，扭转并固定。

STEP 04 另外一侧以同样的方式操作，固定在后发区，发尾甩出留用。

STEP 05 将后发区几股备用的发尾以三股辫的方式编发，用皮筋固定。

STEP 06 将后发区左侧的头发内侧倒梳后向内扣转，固定在发辫上。

STEP 07 将剩余的发辫向上提拉并固定。

STEP 08 将后发区左侧剩余的头发以三带一的方式向上提拉编发。

STEP 09 将编好的发辫用皮筋固定，向上提拉，环绕一圈后固定，形成弧形的外轮廓。

STEP 10 将剩余的头发用卷棒烫卷，分片向上提拉，打卷并固定在发辫上，用手调整卷筒的立体感。

STEP 11 将剩余的头发继续向上提拉并打卷。

STEP 12 将最后一缕头发向上提拉并打卷，和另外几个卷筒衔接。

STEP 13 在后发区卷筒上方的位置佩戴饰品，进行点缀。

STEP 14 在顶发区继续佩戴饰品，使造型更加饱满，造型完成。

难度系数

★★★★

所用手法

① 三股辫编发
② 三带一编发
③ 打卷

造型重点

注意后发区发卷的层次感，为了达到层次丰富的效果，四个发卷不要在同一高度，并且应呈现相对感。

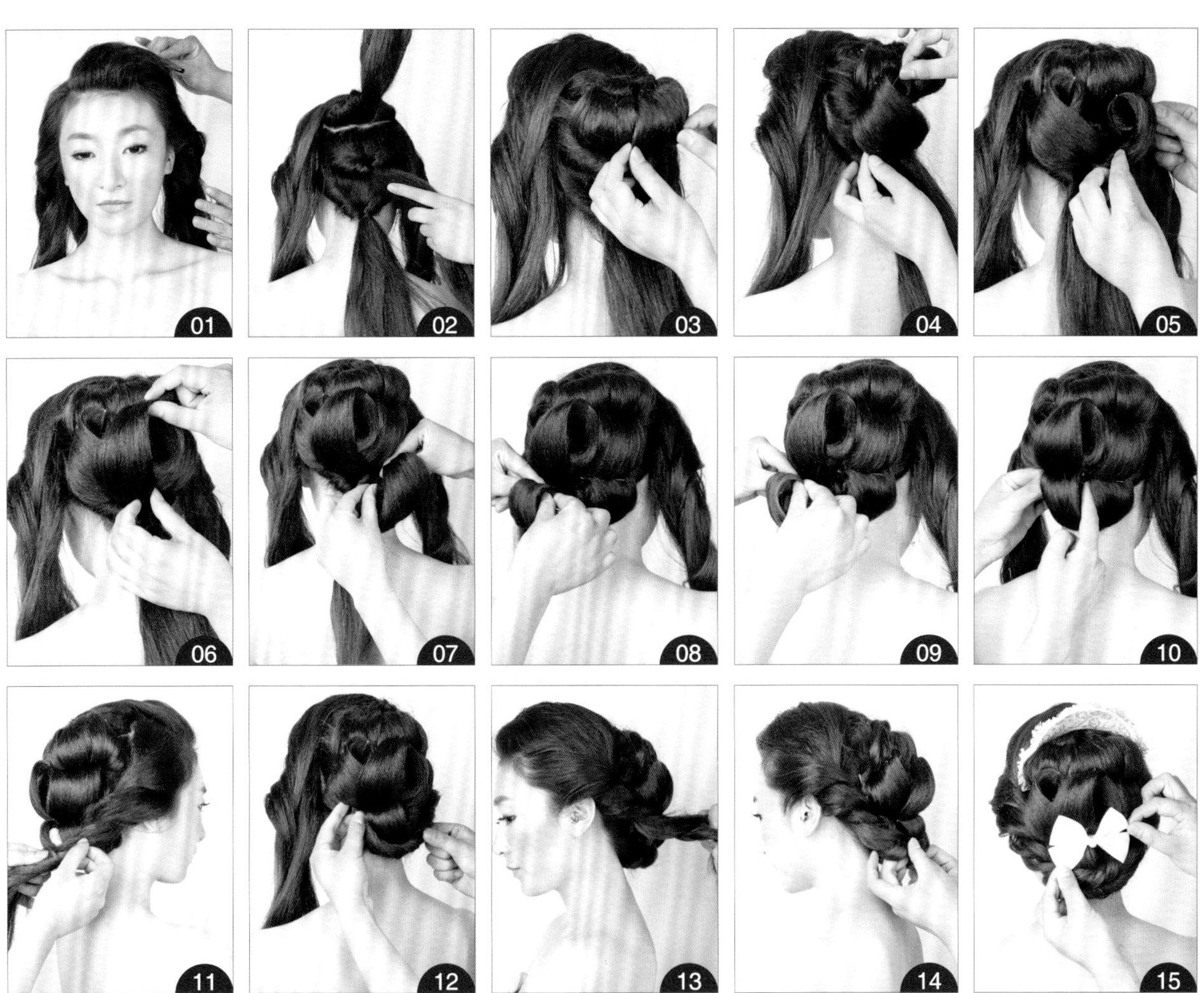

操作步骤

STEP 01 分出刘海区、侧发区、顶发区和后发区。将刘海区头发倒梳后向一侧梳理。

STEP 02 将顶发区头发用皮筋固定成马尾，后发区头发也分片用皮筋固定成马尾，将固定后的头发再从马尾内侧穿出。

STEP 03 将固定后的头发倒梳，打卷并固定。

STEP 04 从第二束固定的头发中取出一片发片，向上打卷，调整卷筒的立体感。

STEP 05 将第二片发片按照相反的方向提拉并打卷，调整卷筒的立体感。

STEP 06 将最后一片发片向上翻转出更大的卷筒，和之前的卷筒衔接，然后用手调整卷筒的立体感。

STEP 07 取最后一束马尾的发片，倒梳内侧，梳光表面后向上提拉并打卷。

STEP 08 另外一片发片以同样的方式操作。

STEP 09 再用手调整发片的轮廓和大小。

STEP 10 用暗卡将卷筒和上方的卷筒结合得更紧密。

STEP 11 将侧发区头发用两股辫的方式向后发区编发。

STEP 12 将编好的发辫向上提拉并固定，和后发区的卷筒衔接。

STEP 13 另一侧发区以同样的方式操作。

STEP 14 将编好的发辫收进后发区的卷筒里。

STEP 15 在后发区和顶发区交界的位置佩戴饰品，在后发区卷筒的位置同样用蝴蝶结点缀，造型完成。

难度系数

★★★★

所用手法

① 扎马尾

② 打卷

③ 上翻卷

造型重点

注意外轮廓的两股辫不要编得过于紧实，要呈现自然的感觉，这样才能很好地塑造轮廓感。

操作步骤

STEP 01 将头发全部烫卷后，将侧发区头发内侧倒梳，扣转并固定。

STEP 02 将刘海区头发向上翻卷后固定，用梳子调整刘海区的层次和纹理。

STEP 03 将侧发区头发内侧倒梳，向上翻转并固定。

STEP 04 将后发区头发继续向上翻转并固定。

STEP 05 继续取后发区右侧的头发，倒梳后向上提拉，翻转，打卷，卷筒之间应相互衔接并保持足够的空间感。

STEP 06 将后发区左侧的头发扭转并固定，用手调整造型的纹理。

STEP 07 将剩余的头发两股编发，将编好的头发固定在右侧。

STEP 08 在后发区佩戴饰品，造型完成。

★★★

所用手法

① 上翻卷 ② 打卷

造型重点

注意后发区头发的层次感，不要梳理得过于光滑，略带蓬松感的纹理可以使造型看上去更加自然。

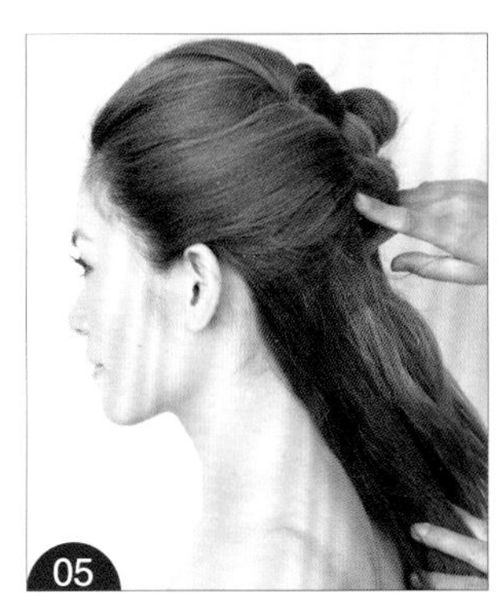

操作步骤

STEP 01 将刘海区头发向后三股辫编发，在编发时注意保持适当的松散度。

STEP 02 继续编辫子，编至发尾，用皮筋固定。

STEP 03 将编好的辫子向上扭转，固定在顶发区的位置。

STEP 04 将侧发区头发内侧倒梳，梳光表面后向后扭转并固定。

STEP 05 另一侧发区以同样的方式处理。

STEP 06 将后发区剩余的头发用皮筋固定成马尾。

STEP 07 取马尾的一片头发，倒梳后向上扭转，打卷并固定，用手整理卷筒的立体感。

STEP 08 继续取发片，倒梳后向内侧扣转，打卷并固定，和上方的卷筒形成衔接。

STEP 09 将剩余头发扭转，打卷并固定，用手调整各个卷筒之间的衔接。

STEP 10 在后发区抓纱，注意抓出纱的立体感和层次感。

STEP 11 在抓好的纱上面用造型花点缀，造型完成。

★★☆

① 打卷

② 三股辫编发

造型重点

后发区底端的发卷要呈现自然内收的感觉。这样的弧度才能使其轮廓圆润饱满。

操作步骤

STEP 01 将刘海区头发向顶发区倒梳，用梳子整理头发表面的纹理。

STEP 02 将所有头发向后发区收拢，分成两份后交叉固定。

STEP 03 取出马尾的一片头发，倒梳后用手整理表面的纹理和层次。

STEP 04 将发片向上翻转，打卷并固定，用手整理卷筒的立体感和弧形轮廓。

STEP 05 取第二片发片，继续翻转，打卷并固定。

STEP 06 将剩余的头发内侧倒梳，梳光表面后向内侧扣转，打卷并固定，用手整理卷筒的立体感和弧形轮廓。

STEP 07 将最后一片头发扭转，打卷并固定。

STEP 08 将发卷用发卡固定，和上方的卷筒形成衔接。

STEP 09 在卷筒周围用插珠点缀，造型完成。

★★★

所用手法

① 打卷 ② 扎马尾

造型重点

扎马尾的作用是使造型的发卷更有层次感，扎马尾后就可以在多个点分出头发来打卷，造型会呈现出更好的层次感。

01

02

03

04

05

06

07

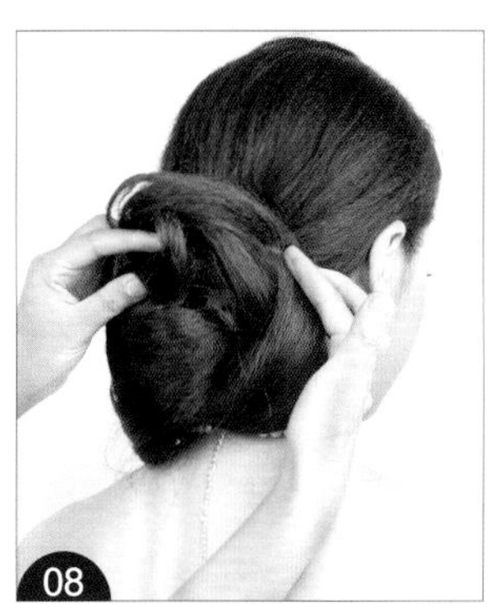
08

09

10

11

操作步骤

STEP 01　分出刘海区和后发区，将后发区头发用皮筋固定成低马尾。

STEP 02　将刘海区头发内侧倒梳后梳光表面，向后发区扭转并固定，发尾留出备用。

STEP 03　取马尾中一缕头发，进行编辫子处理。

STEP 04　将编好的发辫缠绕皮筋一圈，用发卡固定，发卡不能外露。

STEP 05　将马尾头发内侧倒梳，梳光表面后向上提拉，扣转，打卷并固定。

STEP 06　用手调整固定后的卷筒的立体感和弧形轮廓。

STEP 07　将刘海区剩余的发尾扭转后固定，和卷筒衔接。

STEP 08　将马尾剩余头发向上提拉，翻转，打卷并固定，和一侧的卷筒衔接。

STEP 09　用手整理固定好的发卷的立体感和弧形轮廓。

STEP 10　在侧发区佩戴饰品，进行点缀。

STEP 11　在后发区同样用饰品点缀，并用手调整饰品摆放的位置，造型完成。

难度系数

★★

所用手法

① 扎马尾

② 打卷

造型重点

后发区的造型结构是此款造型的主体，最大的发卷是造型结构的中心，剩余的发卷修饰这个结构的外轮廓，使其更加饱满。

01

02

03

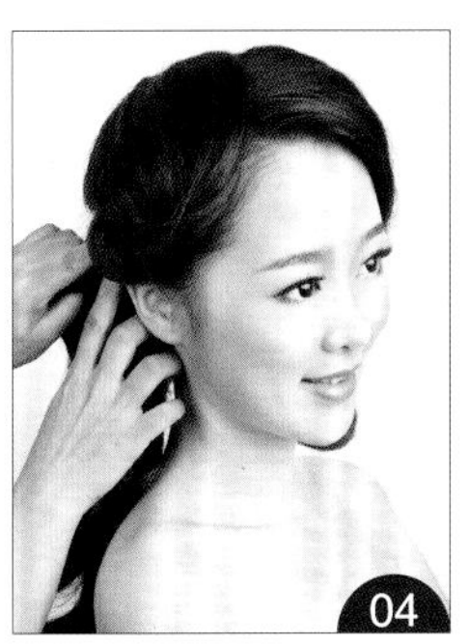
04

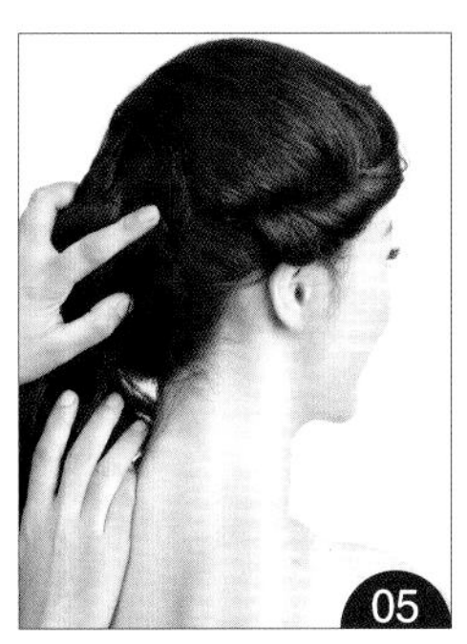
05

06

07

08

09

10

11

12

13

操作步骤

STEP 01 分出侧发区、刘海区、顶发区和后发区，用皮筋将顶发区头发固定成马尾。

STEP 02 将刘海区头发倒梳后向后扭转并固定，同尖尾梳调整头发的层次和纹理。

STEP 03 将后发区头发向上提拉，扭转并固定在顶发区的位置，下暗卡固定，发尾甩出留用。

STEP 04 将剩余的发尾和侧发区头发倒梳，做上翻卷并固定。

STEP 05 将剩余的发尾继续扭转并固定，和顶发区的头发衔接到一起。

STEP 06 将马尾内侧倒梳，梳光表面后向上翻转并固定。

STEP 07 将刘海区剩余的发尾打卷，和上方的卷筒形成衔接。

STEP 08 将剩余的头发打卷，和顶发区的卷筒衔接。

STEP 09 将后发区剩余头发内侧倒梳，向下扣转，用发卡固定，发尾甩出留用。

STEP 10 将发尾内侧倒梳后梳光表面，继续向上翻转，打卷并固定。

STEP 11 在后发区卷筒的结合处用造型花点缀。

STEP 12 在刘海区和侧发区交界处继续用造型花点缀。

STEP 13 另一侧同样点缀造型花，造型完成。

难度系数

★★★☆

所用手法

① 打卷

② 扎马尾

③ 上翻卷

造型重点

此款造型中，后发区底端打卷之后的空隙要用造型花点缀，以使后发区造型轮廓饱满为准。

操作步骤

STEP 01 将所有头发烫卷，将刘海区头发用梳子倒梳，再用尖尾梳的尾端调节表面的层次和纹理。

STEP 02 将侧发区头发向上翻转并固定，和刘海区头发衔接。

STEP 03 将侧发区头发内侧倒梳后向上翻转并固定。

STEP 04 将另一侧发区剩余头发内侧倒梳后向上翻转，固定在顶发区的位置。

STEP 05 继续将后发区头发倒梳后向上收起，固定在顶发区的位置，和顶发区的头发衔接。

STEP 06 将后发区的头发扭转，打卷并固定，用手调整卷筒的立体感，使其更加饱满。

STEP 07 将后发区剩余头发向造型的一侧扭转。

STEP 08 将左侧的头发同样扭转向一侧并固定。

STEP 09 将剩余的发尾扭转，打卷并固定，和上方的卷筒衔接。

STEP 10 将剩余的头发继续扭转，固定在后发区的右侧。

STEP 11 将剩余的头发继续扭转并打卷。

STEP 12 将打卷后的头发固定，用手整理卷的形状。

STEP 13 用暗卡将卷与卷相互衔接，并用手再次调整卷的立体感。

STEP 14 在后发区用插珠点缀，造型完成。

难度系数

★★★★

所用手法

① 倒梳

② 打卷

造型重点

要用尖尾梳将刘海区的头发打造出纹理和层次，后发区的发卷要呈现自然的层次感，不要过于生硬。插珠的点缀使造型的层次感更加明显。

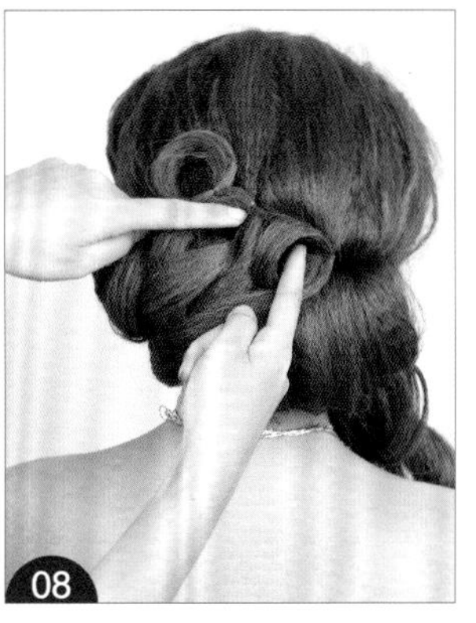

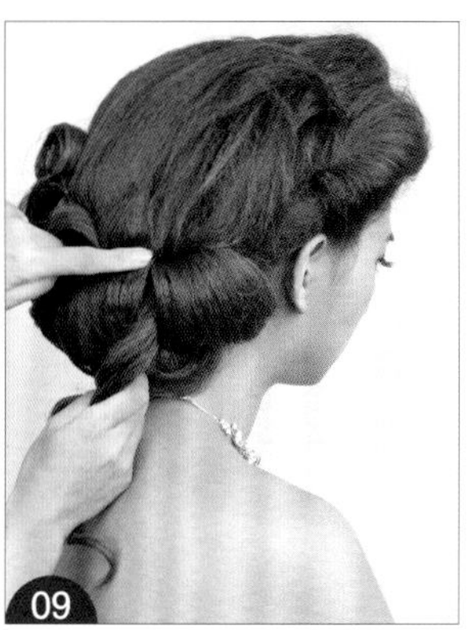

操作步骤

STEP 01 将两侧发区头发内侧倒梳后向后扭转，用尖尾梳调整层次。

STEP 02 将顶发区的头发内侧倒梳，制造蓬松感。

STEP 03 将顶发区头发表面梳光，向下扣卷，固定成发包。

STEP 04 将侧发区剩余的发尾扭转并固定，和发包衔接。

STEP 05 另一侧以同样的方式操作。

STEP 06 将后发区中间的头发内侧倒梳，向上翻转成发包，下发卡固定，和顶发区的发包衔接在一起。

STEP 07 将后发区左侧剩余头发内侧倒梳，向上翻转成卷筒并固定。

STEP 08 将剩余的发尾向上继续扭转，打卷并固定。

STEP 09 将后发区右侧剩余的头发向上打卷并固定，发尾甩出留用。

STEP 10 将剩余的发尾继续向上扭转，打卷并固定。

STEP 11 在顶发区佩戴皇冠。

STEP 12 在皇冠的后面放上造型花，进行点缀。

STEP 13 在后发区不规则地点缀造型花，造型完成。

★★★★

所用手法

① 下扣卷

② 打卷

造型重点

刘海区的头发要呈现一定的隆起感，扭转的时候可适当向前推，使其更加饱满，表面要光滑而蓬松自然。

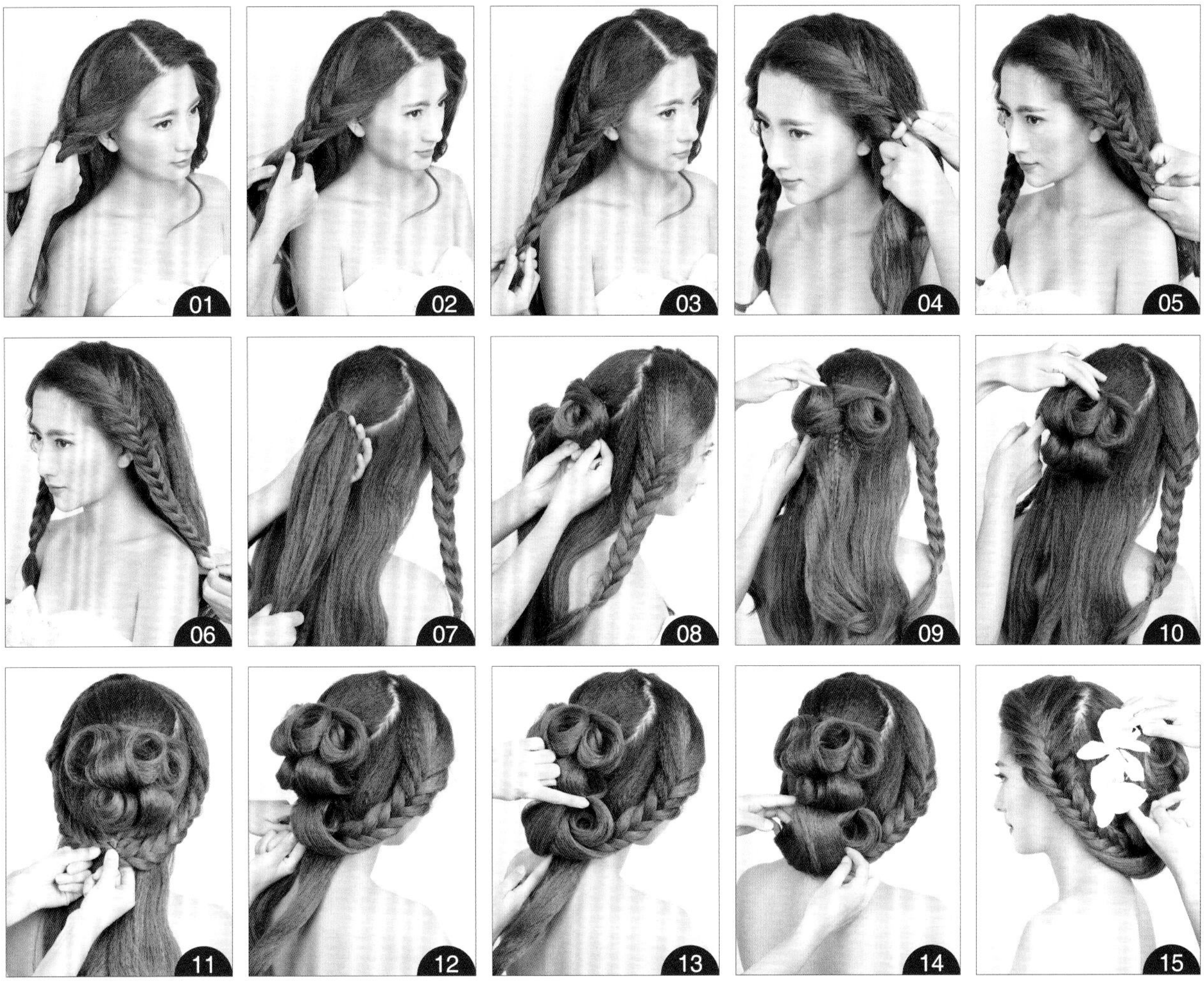

操作步骤

STEP 01 将侧发区头发以四股辫的形式编发，编发时要适当松散。

STEP 02 继续向下编发，变成鱼骨辫的编发手法。

STEP 03 编至发尾，用皮筋固定，造成一种上松下紧的编发效果。

STEP 04 另一侧以同样的编发方式操作。

STEP 05 编至下方，同样变换成鱼骨辫的编发方式。

STEP 06 将编好的发辫用皮筋固定。

STEP 07 用皮筋将顶发区的头发扎成一束马尾。

STEP 08 取马尾上的头发，扭转后打卷，固定在顶发区和后发区交界处的右侧。

STEP 09 继续取发片，向上扭转并打卷，固定在后发区和顶发区交界处的左侧。

STEP 10 取剩余的马尾头发，向上扭转并打卷，和其他的卷筒衔接。

STEP 11 将两侧发区的发辫向后发区交叉，用发卡固定在一起。

STEP 12 将后发区剩余头发向上打卷并固定。

STEP 13 将后发区左侧头发向上提拉并打卷，和上方的卷筒衔接。

STEP 14 将最后一片发片向上提拉，打卷并固定。

STEP 15 在刘海区和侧发区衔接的位置佩戴造型花，在后发区的一侧同样佩戴造型花，使造型看起来更加饱满。

难度系数

所用手法

① 打卷

② 编鱼骨辫

造型重点

后发区底端的两个卷筒应彼此叠加，这样的角度可以呈现更好的包裹状态，使造型轮廓更加饱满。